“十三五”示范性高职院校建设成果教材

机床液压气动系统装接检测

主　编　张晓旭　李荣珍

副主编　何丽英　范　宁

李　楠　邵　娟

北京理工大学出版社
BEIJING INSTITUTE OF TECHNOLOGY PRESS

图书在版编目（CIP）数据

机床液压气动系统装接检测/张晓旭，李荣珍主编. —北京：北京理工大学出版社，2016.8（2016.9 重印）

ISBN 978-7-5682-3047-6

Ⅰ. ①机…　Ⅱ. ①张…②李…　Ⅲ. ①机床－液压传动系统－安装②机床－液压传动系统－检测　Ⅳ. ①TG502.32

中国版本图书馆 CIP 数据核字（2016）第 209319 号

出版发行 / 北京理工大学出版社有限责任公司
社　　址 / 北京市海淀区中关村南大街 5 号
邮　　编 / 100081
电　　话 / （010）68914775（总编室）
（010）82562903（教材售后服务热线）
（010）68948351（其他图书服务热线）
网　　址 / http://www.bitpress.com.cn
经　　销 / 全国各地新华书店
印　　刷 / 三河市华骏印务包装有限公司
开　　本 / 787 毫米×1092 毫米　1/16
印　　张 / 12.5
字　　数 / 297 千字
版　　次 / 2016 年 8 月第 1 版　2016 年 9 月第 2 次印刷
定　　价 / 31.00 元

责任编辑 / 江　立
文案编辑 / 邢　琛
责任校对 / 周瑞红
责任印制 / 马振武

前 言

Qianyan

“机床液压气动系统装接检测”是工科高职院校机械类专业的必修课。

➢ 本书特点

本书采用以项目为载体、以任务驱动的方案，通过“教、学、做”一体化模式组织教学，具有鲜明的高等职业教育特色。全书由 11 个项目组成，每个项目至少由一个实践性较强的实训任务作引导，基础知识部分以必需、够用为度，减少对理论知识与计算公式的推导过程，通过浅显的工程语言分析各项的物理意义，介绍元件工作原理时都配以简明的原理图，以达到帮助读者学习与理解的目的。注重使用与维护方面的内容，在内容编排上与生产实际紧密联系，选用较为先进、典型的回路实例，使学生获得实用的技术知识。

在教学内容的处理和安排上，先后讲述机床液压传动系统和机床气压传动系统两部分内容，体现了“理论够用为度”的原则；按照执行元件对外的输出力、方向、速度等表现将元件和回路结合在一起讲，并将故障检测及排除方法等融入其中。

➢ 本书适合对象

本书既可作为高等职业技术学院、高等专科院校、成人教育学院、职工大学、夜大、函授大学等大专层次的机电类、数控类、模具类等机械专业的教学用书，也可作为其他有关工程技术人员的参考用书。

➢ 本书结构安排

项目一介绍液压传动系统的知识。通过本章学习，读者可以了解液压传动的工作原理及其优缺点；理解液压传动的组成及图形符号。

项目二介绍工作介质的知识。通过本章学习，读者可以了解液体静力学和动力学基础；掌握液压油的性质与选用。

项目三介绍液压泵的选用。通过本章学习，读者可以了解液压泵的工作压力、排量和流量的概念；理解液压泵的结构和工作原理；了解液压泵的种类和特点；掌握液压泵的选用原则及常见故障排除方法；掌握如何正确拆装与维护液压泵。

项目四介绍液压执行元件的选用。通过本章学习，读者可以了解液压缸和液压马达的结构和工作原理及特点；掌握如何正确拆装液压缸。

项目五介绍液压阀及液压控制回路的构建。通过本章学习，读者可以理解各种液压阀的结构、工作原理及应用；能辨别各种液压阀及其图形符号的绘制；掌握液压基本回路的组成、工作原理、性能特点及应用。

项目六介绍液压辅助元件的选用。通过本章学习，读者可以了解蓄能器、过滤器、压力表的工作原理、功用及应用。

项目七介绍复杂液压系统的工作原理、调试及故障排除。通过本章学习，读者可以掌握组合机床动力滑台液压系统、注塑机液压系统，以及液压系统的安装与调试；理解液压系统的工作原理及其特点；掌握液压系统常见故障的处理方法。

项目八介绍气压传动系统的认知。通过本章学习，读者可以了解气压传动的工作原理及其优缺点；理解气压传动的组成及图形符号。

项目九介绍气源装置、辅助元件及气动执行元件的选用。通过本章学习，读者可以掌握气源装置的组成和工作原理；掌握气缸和气马达的结构组成和工作原理。

项目十介绍气动控制阀及气动控制回路的构建。通过本章学习，读者可以掌握气动方向控制阀、气动压力控制阀、气动流量控制阀的种类、结构、工作原理及其应用。

项目十一介绍气动系统的工作原理及故障检测。通过本章学习，读者可以掌握如何对气动系统进行维护；掌握气压系统常见故障及排除方法。

本书由张晓旭、李荣珍担任主编，何丽英、范宁、李楠、邵娟担任副主编。编写分工如下：其中张晓旭、李荣珍编写了项目一、项目二，何丽英编写了项目三、项目四、项目五，范宁编写了项目六、项目七，李楠编写了项目八、项目九、附录，邵娟编写了项目十、项目十一。另外在企业工作的张宇提出了许多建设性的意见，在此表示衷心感谢。

由于编者编写水平和经验有限，书中难免存在不足之处，恳请广大读者批评指正。

编　者

Contents

目 录

项目一 液压传动系统的认知 ……1

任务一 磨床工作台液压传动系统的认知……1

任务二 液压千斤顶液压传动系统的认知……7

项目二 工作介质的认知……11

任务一 液压传动的工作介质。……11

任务二 压力和流量的认知……16

项目三 液压泵的选用……25

任务一 液压泵……25

任务二 液压泵的选用与安装调试……36

项目四 液压执行元件的选用……42

任务一 液压缸的选用……42

任务二 液压马达的选用……51

项目五 液压阀及液压控制回路的构建……55

任务一 方向控制阀及方向控制回路的构建……55

任务二 压力控制阀及压力控制回路的构建……67

任务三 流量控制阀及速度控制回路的构建……81

任务四 多缸运动回路的构建……95

项目六 液压辅助元件的选用……104

项目七 液压系统的工作原理、调试及故障排除……114

任务一 组合机床动力滑台液压系统的工作原理及调试……114

任务二 注塑机液压系统的工作原理及故障排除……121

目 录

项目八 气压传动系统的认知 ………………………………………………… 135

项目九 气源装置、辅助元件及气动执行元件的选用 ……………………………140

任务一 气源装置及气动辅助元件的选用 ……………………………………140

任务二 气动执行元件的选用 …………………………………………………148

项目十 气动控制阀及气动控制回路的构建 ………………………………………154

任务一 方向控制阀及方向控制回路的构建 …………………………………154

任务二 压力控制阀及压力控制回路的构建 …………………………………168

任务三 流量控制阀及速度控制回路的构建 …………………………………171

项目十一 气动系统的工作原理及故障检测 ………………………………………177

附录 ……………………………………………………………………………… 183

参考文献 ………………………………………………………………………… 191

项目一　液压传动系统的认知

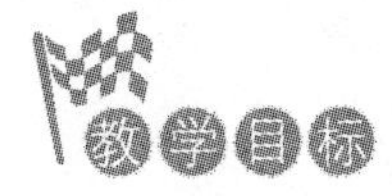

- 掌握液压传动的定义。
- 了解液压传动的工作原理和传动实质。
- 了解液压传动系统的组成和系统图的表示方法。
- 了解液压传动系统的优缺点。
- 了解液压传动的应用情况及以后发展前景。

- 从实例出发，深入浅出地对液压传动进行定义；掌握液压传动的工作原理及液压系统的组成。
- 介绍液压传动的起源与发展过程。
- 简单介绍液压传动的优缺点、研究范围与应用领域。

- 理解液压传动的概念和工作原理。
- 学习液压传动的意义。

任务一　磨床工作台液压传动系统的认知

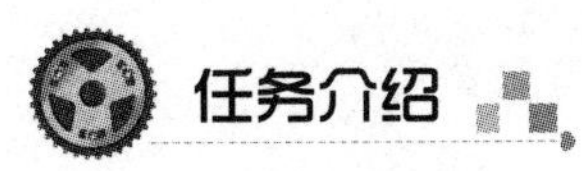

一部完整的机器由原动机、传动部分和工作机构等组成。传动部分是一个中间环节。它的作用是把原动机（电动机、内燃机等）的输出功率传送给工作机构。传动有多种类型，如机械传动、电力传动、液体传动、气压传动，以及它们的组合——复合传动等。液压传动是自动控制领域的一门重要学科，它是以液体为工作介质，以液体的压力进行能量传递和控制的一种传动形式。

任务分析

本任务通过对磨床工作台的液压传动系统的介绍，磨床工作台如何控制其往复运动、调节其速度，了解液压系统的组成、常用元件的功能和图形符号。在对液压系统有初步认识的基础上进一步学习液压传动的工作原理。

相关知识

一、磨床工作台液压传动系统分析

（一）磨床工作台液压传动系统的工作原理

其工作原理如下：液压泵由电动机驱动后，从油箱中吸油。油液经过滤器进入液压泵，油液在泵腔中从入口低压到泵出口高压，换向阀手柄 4 在图 1-1（a）所示状态下，通过开停阀 10、节流阀 7、换向阀 5 进入液压缸左腔，推动活塞使工作台向右移动。这时，液压缸右腔的油经换向阀 5 和回油管 6 排回油箱。

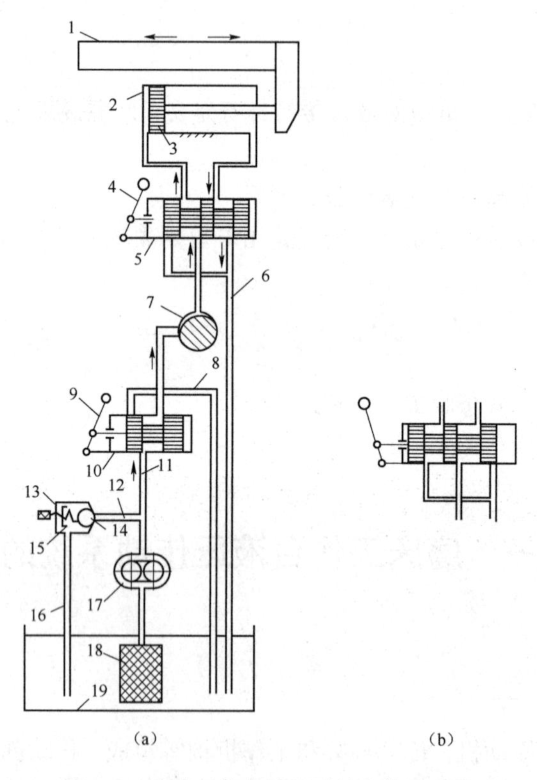

图 1-1　磨床工作台液压系统工作原理图

1—工作台；2—液压缸；3—活塞；4—换向阀手柄；5—换向阀；6、8、16—回油管；7—节流阀；9—开停手柄；10—开停阀；11—压力管；12—压力支管；13—溢流阀；14—钢球；15—弹簧；17—液压泵；18—过滤器；19—油箱

如果将换向阀手柄 4 转换成图 1-1（b）所示状态，则压力管中的油将经过开停阀、节流阀和换向阀进入液压缸右腔，推动活塞使工作台向左移动，并使液压缸左腔的油经换向阀和回油管 6 排回油箱。

工作台的移动速度是通过节流阀来调节的。当节流阀开大时，进入液压缸的油量增多，工作台的移动速度增大；当节流阀关小时，进入液压缸的油量减小，工作台的移动速度减小。为了克服移动工作台时所受到的各种阻力，液压缸必须产生一个足够大的推力，这个推力是由液压缸中的油液压力所产生的。要克服的阻力越大，缸中的油液压力越高；反之压力就越低。这种现象正说明了液压传动的一个基本原理——压力取决于负载。

（二）液压传动系统图的图形符号

图 1-1（a）所示的液压系统图是一种半结构式的工作原理图，它有直观性强、容易理解的优点。当液压系统发生故障时，根据原理图检查十分方便，但图形比较复杂，绘制比较麻烦。实际绘制液压系统工作原理图时，除少数特殊情况外，一般都采用国家标准 GB/T 786.1－2009 所规定的液压与气动图形符号来绘制。

对于这些图形符号有以下几条基本规定：

（1）图形符号表示元件的功能，而不表示元件的具体结构和参数。

（2）反映各元件在油路连接上的相互关系，不反映其空间安装位置。

（3）只反映静止位置或初始位置的工作状态，不反映其过渡过程。

图 1-2 所示为用国标 GB/T 786.1－2009 绘制的工作原理图。使用图形符号既便于绘制，又可使液压系统简单明了。

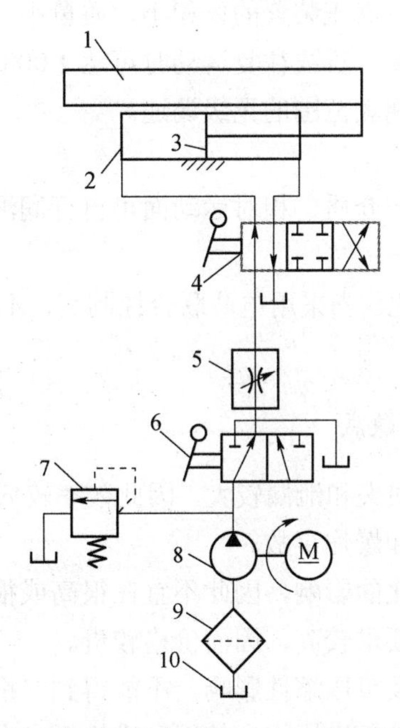

图 1-2 磨床工作台液压系统的图形符号图

1—工作台；2—液压缸；3—活塞；4—换向阀；5—节流阀；6—开停阀；
7—溢流阀；8—液压泵；9—过滤器；10—油箱

（三）液压传动系统的组成

从机床工作台液压系统的工作过程可以看出，一个完整的、能够正常工作的液压系统，应该由以下 5 个主要部分来组成：

（1）动力元件：供给液压系统压力油，把机械能转换成液压能的装置，如液压泵。

（2）执行元件：把液压能转换成机械能的装置，如做直线运动的液压缸、做回转运动的液压马达。

（3）控制调节元件：对系统中的压力、流量或流动方向进行控制或调节的装置。如溢流阀、节流阀、换向阀、开停阀等。

（4）辅助元件：上述三部分之外的其他装置，如油箱、滤油器、油管等。它们对保证系统正常工作是必不可少的。

（5）工作介质：传递能量的流体，如液压油等。

二、液压传动的优缺点

（一）液压传动系统的主要优点

液压传动之所以能得到广泛的应用，是由于它与机械传动、电气传动相比具有以下的主要优点：

（1）在同等功率的情况下，液压装置的体积小，质量小，结构紧凑。

（2）液压装置的换向频率高，直线往复运动时可达 1 000 次/min。

（3）操纵控制方便，可实现大范围的无级调速。

（4）可自动实现过载保护。

（5）一般采用矿物油为工作介质，相对运动面可自行润滑，使用寿命长。

（6）很容易实现直线运动。

（7）容易实现机器的自动化。当采用电液联合控制后，不仅可实现更高程度的自动控制过程，而且可以实现遥控。

（二）液压传动系统的主要缺点

（1）由于流体流动的阻力损失和泄漏较大，因此效率较低。如果处理不当，泄漏不仅污染场地，而且还可能引起火灾和爆炸事故。

（2）工作性能易受温度变化的影响，因此不宜在很高或很低的温度条件下工作。

（3）液压元件的制造精度要求较高，因而价格较贵。

（4）由于液体介质的泄漏及可压缩性影响，不能得到严格的定比传动。

（5）液压传动出故障时不易找出原因，使用和维修要求有较高的技术水平。

（6）易造成油液污染。

三、液压传动系统的主要应用

由于液压传动有许多突出的优点，因此，它被广泛地应用于机械制造、工程建筑、石油化工、交通运输、军事器械、矿山冶金、轻工、农机、渔业、林业等各方面。同时，也被应用到航天航空、海洋开发、核能工程和地震预测等各个工程技术领域。表 1-1 列举了液压传动在各类机械行业中的应用实例。

表 1-1　液压传动在各类机械行业中的应用实例

行业名称	应用场所举例
工程机械	挖掘机、装载机、推土机、压路机、铲运机等
起重运输机械	汽车吊、港口龙门吊、叉车、装卸机械、皮带运输机等
矿山机械	凿岩机、开掘机、开采机、破碎机、提升机、液压支架等
建筑机械	打桩机、液压千斤顶、平地机等
农业机械	联合收割机、拖拉机、农具悬挂系统等
冶金机械	电炉炉顶及电极升降机、轧钢机、压力机等
轻工机械	打包机、注塑机、校直机、橡胶硫化机、造纸机等
汽车工业	自卸式汽车、平板车、高空作业车、汽车中的转向器、减振器等
智能机械	折臂式小汽车装卸器、数字式体育锻炼机、模拟驾驶舱、机器人等

任务实施

观察磨床工作台的工作过程后，让学生说出工作台液压系统中各组成部分的名称及功用。

（1）动力元件。如图 1-2 所示，液压泵在电动机带动下转动，输出高压油。它的功能是将电机输入的机械能转换为液体的压力能，为整个系统提供动力。重点观察液压泵的安装位置、工作噪声及输出油压的变化。

（2）执行元件。如图 1-2 所示，液压缸在高压油的推动下移动，可以对外输出推力，通过它把压力能释放出来，转换成机械能，以驱动工作部件。重点观察工作台实现纵向往复直线运动的方式。

（3）控制调节元件。图 1-2 中的换向阀可以控制液压系统中液体的流动方向，从而控制工作台的运动方向；节流阀可以控制液压系统中液体的流量，从而控制工作台的运动速度。

（4）辅助元件。图 1-2 中的油箱用来储存油液，用油管和管接头连接；液压元件、压力表用来测量系统的油压，这些元件是液压系统中不可缺少的元件。

（5）传动介质。即系统中的液压油，其作用是实现运动和动力的传送。

归纳总结

本任务主要阐述了磨床工作台液压传动系统的组成、工作原理、液压传动的优缺点及其应用、发展前景。通过本任务的学习，学生应对液压传动与控制这门技术有一个初步的了解。

练　习

一、填空题

1．液压传动是以________能来传递和转换能量的。

2．液压系统一般包括动力部分________、________、辅助部分和工作介质五部分。

3．液压系统动力部分将________转化为________。

4．液压传动的优点有________、________和________等，缺点有________、________和________等。

二、选择题

1．液压技术在工程机械领域应用最广的是（　　）。

A．推土机　　B．起重机　　C．挖掘机

2．液压元件使用寿命长是因为（　　）。

A．易过载保护　　B．能自行润滑　　C．工作平稳

3．液压传动的动力元件是（　　）。

A．电动机　　B．液压马达　　C．液压泵

4．液压传动的特点有（　　）

A．可与其他传动方式联用，但不易实现远距离操纵和自动控制

B．可以在较大的速度范围内实现无级变速

C．能迅速转向、变速，传动准确

D．体积小、质量小，零部件能自润滑，且维护、保养和排放方便

三、判断题

1．液压传动的特点是输出功率大，易无级调速，工作平稳，易自动化。（　　）

2．液压传动能保证严格的传动比，但易泄漏，维修技术要求高。（　　）

3．液压传动技术的发展方向是高效低噪声。（　　）

4．液压传动装置本质上是一种能量转换装置。（　　）

5．液压传动具有承载能力大，可实现大范围内无级变速和获得恒定的传动比。（　　）

四、简答题

1．液压传动的优缺点?

2．当前液压技术主要应用于哪些工业部门?

任务二 液压千斤顶液压传动系统的认知

任务介绍

液压千斤顶基于帕斯卡原理制成，在平衡的液压系统中，小活塞上施加的力比较小，而大活塞上施加的力也比较大，是力的放大机构。液压千斤顶结构紧凑，能平稳顶升重物，起重量最大达 1000t，行程 1m，传动效率较高，故应用较广；但易漏油，不宜长期支持重物。主要用于厂矿、交通运输等部门作为车辆修理及其他起重、支撑等工作。

任务分析

本任务主要阐述液压千斤顶的工作原理，使学生理解在力传递过程中，力的大小、能量的大小及大、小活塞移动的速度之间的关系。

相关知识

一、液压千斤顶的工作原理

如图 1-3 所示，当向上抬起杠杆时，手动小活塞向上运动，小液压缸 1 下腔容积增大形成局部真空，单向阀 2 关闭，油箱 4 的油液在大气压作用下经吸油管顶开单向阀 3 进入小液压缸下腔。当向下压杠杆时，小液压缸下腔容积减小，油液经排油管进入大液压缸 6 的下腔，推动大活塞上移顶起重物。如此不断上下扳动杠杆，则不断有油液进入大液压缸下腔，使重物逐渐举升。如杠杆停止动作，大液压缸下腔油液压力将使单向阀 2 关闭，大活塞连同重物一起被自锁不动，停止在举升位置。如打开截止阀 5，大液压缸下腔通油箱，大活塞将在自重作用下向下移，迅速回复到原始位置。

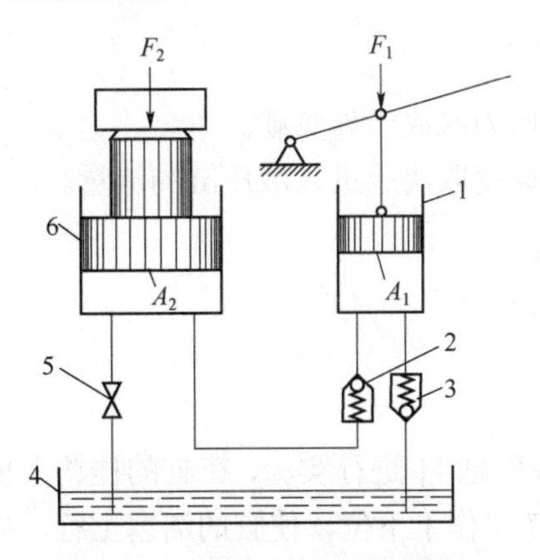

图 1-3 液压千斤顶工作原理图

1—小液压缸；2—排油单向阀；3—吸油单向阀；4—油箱；5—截止阀；6—大液压缸

通过对上面液压千斤顶工作过程的分析，可以初步了解到液压传动的基本工作原理。液压传动利用有压力的油液作为传递动力的工作介质。压下杠杆时，小液压缸 1 输出压力油，将机械能转换成油液的压力能，压力油经过管道及单向阀 2，推动大活塞举起重物，将油液的压力能又转换成机械能。大活塞举升的速度取决于单位时间内流入大液压缸 6 中油容积的多少。由此可见，液压传动是一个不同能量的转换过程。

二、力的传递

如图 1-3 所示，设大缸活塞面积为 A_2，作用在活塞上的重物为 F_2，该力在液压缸中所产生的液体压力为 $p_2=\frac{F_2}{A_2}$。根据帕斯卡原理（即静压传递原理）“在密闭容器内，施加于静止液体上的压力将等值传到液体各点”，小缸中所产生的液体压力为 p_1，则 $p_1=p_2$，小缸活塞上的外力 $F_1=p_1A_1=p_2A_1=\frac{A_1}{A_2}F_2$。

在 A_1 和 A_2 一定时，大缸负载 F_2 越大，系统中的压力也越高；大缸负载 F_2 越小，系统中的压力也越低；大缸负载去掉，系统中的压力为零。在液压传动中工作压力取决于负载，这是液压传动中的一个重要概念。

因为两个活塞面积之比 $\frac{A_1}{A_2}<1$，所以 $F_1<F_2$，也就是用一个小的外力就可以克服很大的负载。液压传动系统是力的放大机构。

任务实施

液压系统中工作压力形成的原理实验

液压传动中有两个重要的基本概念，即液压系统的压力取决于外负载，液压缸输出速度取决于进入液压缸的流量。

一、实验目的

（1）理解液压缸的工作压力取决于外负载。

（2）理解液压缸的输出速度取决于进入液压缸的流量。

二、实验设备

QCS002 型液压实验台。

三、实验内容

（1）如图 1-4 所示，选液压缸 11 进行实验，在缸的挂钩上依次挂上 1 个砝码、2 个砝码、3 个砝码，操纵电磁换向阀 7 工作于下位，使缸的活塞上行。先观察清楚各压力表的变化情况，然后记下 p_1、p_{11} 的压力值，填入表 1-2 中。

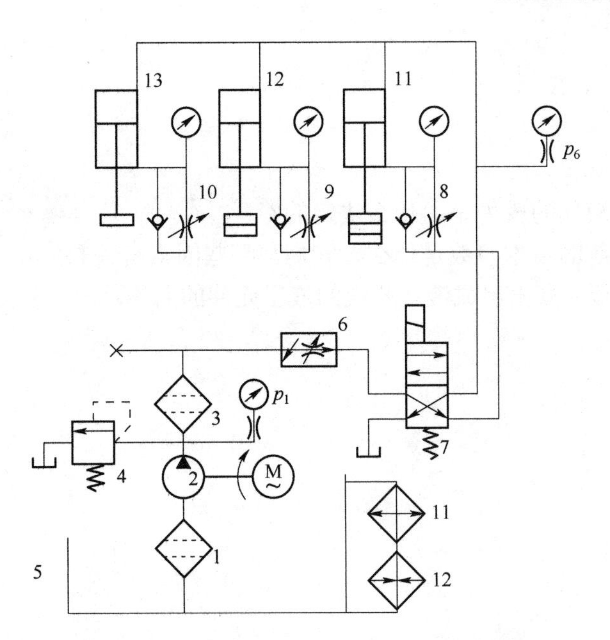

图 1-4　QCS002 型液压实验台工作原理图

1、3—过滤器；2—叶片泵；4—溢流阀；5—油箱；6—调速阀；7—电磁换向阀；
8、9、10—单向节流阀；11—冷却器；12—加热器

表 1-2　液压缸的外负载变化对液压缸工作压力的影响

序号	砝码 块数（n）	液压泵出口压力 p_1（MPa）	液压缸工作压力 p_{11}（MPa）
1			
2			
3			

提示：液压缸的外负载增加，液压缸工作压力也增加。

（2）调整调速阀 6 的开度，用秒表测准活塞速度。记下调速阀 6 的刻度值，填入表 1-3 中。

提示：调速阀开口增大，活塞速度变快。

表 1-3　进入液压缸的流量变化对液压缸运动速度的影响

调速阀 6 开度	刻度	活塞升程时间 t（s）
小		
中		
大		

归纳总结

本任务主要阐述液压千斤顶的工作原理，论述了压力与负载之间的关系。

练 习

简答题

1．液压传动中液体的压力是由什么决定的？

2．液压传动系统的基本参数是什么？它们与哪些因素有关？

3．如图 1-4 所示，写出组成液压系统的液压元件的名称。

项目二　工作介质的认知

- 掌握工作介质的物理性质，了解工作介质的污染原因、危害及控制方法。
- 掌握压力的表示方法和本质。
- 了解连续性方程和伯努利方程的运用。
- 了解液体流动时压力损失的原因。
- 了解液压冲击和气穴现象产生的原因、危害。

- 工作介质的基本性质。
- 压力的表示方法和本质。
- 连续性方程的运用。

- 黏性和黏度的含义。
- 连续性方程的运用。

任务一　液压传动的工作介质

液压传动中的工作介质在液压传动及控制中不仅起传递能量和信号的作用，而且起润滑、冷却和防锈的作用。

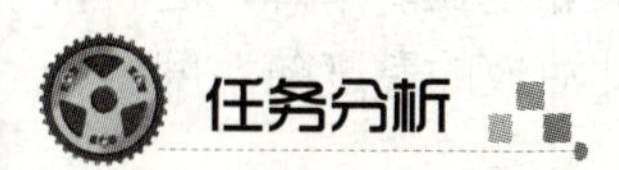

本任务主要阐述了液压传动工作介质的性质，揭示了工作介质的污染原因及控制方法。

工作介质性能的好坏、选择是否得当，对液压系统能否可靠、有效地工作影响很大。

相关知识

液压油是液压传动系统中的传动介质，下面介绍液压油的物理性质，如何为液压系统选择合适的液压油，以及液压油的污染原因及其控制方法。

一、液压油的物理性质

（一）密度

单位体积液体所具有的质量为该液体的密度，用公式表示为

$$p = \frac{m}{V} \tag{2-1}$$

式中 ρ——液体的密度，单位为 kg/m^3；

m——液体的质量，单位为 kg；

V——液体的体积，单位为 m^3。

严格来说，液体的密度随着压力或温度的变化而变化，但变化量一般很小，在工程计算中可以忽略不计。在进行液压系统相关的计算时，通常取液压油的密度为 $900\,kg/m^3$。

（二）可压缩性

当液体受压力作用时体积减小的特性称为液体的可压缩性。液体的可压缩性对液压系统的工作性能影响较大，对于中、低压液压系统，因液体的可压缩性很小，一般认为液体是不可压缩的。当液体中混入空气时，其可压缩性将显著增加，并将严重地影响液压系统的工作状态。

（三）黏性

1. 黏性的定义

液体在外力作用下流动（或有流动趋势）时，液体分子间内聚力要阻止分子间的相对运动，在液层相互作用的界面之间会产生一种内摩擦力，这种液体在流动时产生内摩擦力的性质称为液体的黏性。液体黏性的大小用黏度来表示，运动黏度是液压油牌号的主要依据。例如，L-HL-32 液压油，就是这种液压油在 40℃时的运动黏度 ν 的平均值为 32 cSt（厘斯）（1 cSt = mm^2/s）。

2. 黏度与温度的关系

温度对油液黏度的影响很大，如图 2-1 所示，当油温升高时，其黏度显著下降，这一特性称为油液的黏温特性，它直接影响液压系统的性能和泄漏量，因此油液的黏度随温度的变化越小越好。

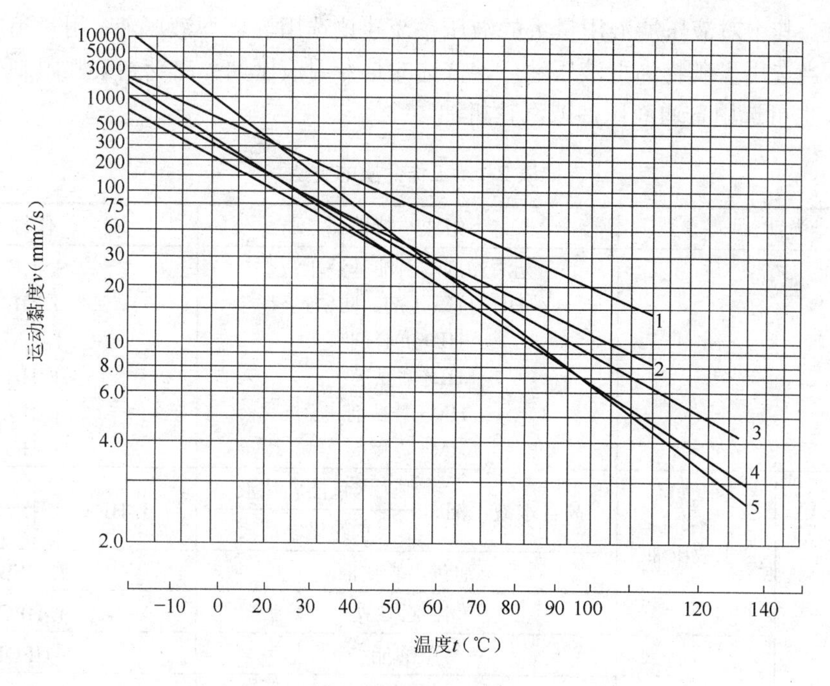

图 2-1　黏温特性曲线

1—水包油乳化液；2—水-乙二醇液；3—石油型高黏度指数液压油；4—石油型普通液压油；5—磷酸酯液

3. 压力对黏度的影响

当油液所受的压力加大时，其分子间的距离就缩小，内聚力增加，黏度会变大。但是这种变化在低压时并不明显，可以忽略不计；在高压情况下，这种变化不可忽略。

二、液压系统对工作介质的性能要求

为了使液压系统能正常地工作，使用的工作介质应主要具备以下性能：

（1）合适的黏度，润滑性能好，并具有较好的黏温特性。

（2）质地纯净、杂质少，并对金属和密封件有良好的相容性。

（3）体积膨胀系数小，比热容大，流动点和凝固点低，闪点和燃点高。

（4）对人体无害，对环境污染小，成本低，价格便宜。

此外，对油液的无毒性、价格等，也应根据不同的情况有所要求。

三、液压工作介质的选择

（一）选择液压油液类型

工作介质的类型如表 2-1 所示。在选择液压油液类型时，主要是考虑液压系统的工作环境和工作条件，若系统靠近 300 ℃以上的高温表面热源或有明火场所，要选择难燃型液压油或液压液。其中对液压油液用量大的液压系统建议选用乳化型液压液；用量小的选用合成型液压液。当选用了矿物油型液压油后，首选的是专用液压油；在受到某些限制或对于简单液压系统，也可选用普通液压油或汽轮机油。

表 2-1　工作介质的类型

<table>
<tr><th colspan="2">类别</th><th colspan="2">组成与特性</th><th colspan="2">代号</th></tr>
<tr><td colspan="2">石油基液压油</td><td colspan="2">无添加剂的石油基液压液
HH+抗氧化剂、防锈剂
HL+抗磨剂
HL+增黏剂
HM+增黏剂
HM+防爬剂</td><td colspan="2">L-HH
L-HL
L-HM
L-HR
L-HV
L-HG</td></tr>
<tr><td rowspan="8">难燃液压油</td><td rowspan="4">含水液压油</td><td rowspan="2">高含水液压油</td><td>水包油乳化液</td><td rowspan="2">L-HFA</td><td>L-HFAE</td></tr>
<tr><td>水的化学溶液</td><td>L-HFAS</td></tr>
<tr><td colspan="2">油包水乳化液</td><td colspan="2">L-HFB</td></tr>
<tr><td colspan="2">水-乙二醇</td><td colspan="2">L-HFC</td></tr>
<tr><td rowspan="4">合成液压油</td><td colspan="2">磷酸酯</td><td colspan="2">L-HFDR</td></tr>
<tr><td colspan="2">氯化烃</td><td colspan="2">L-HFDS</td></tr>
<tr><td colspan="2">HFDR+HFDS</td><td colspan="2">L-HFDT</td></tr>
<tr><td colspan="2">其他合成液压油</td><td colspan="2">L-HFDU</td></tr>
</table>

（二）选择液压油液的黏度

对液压系统所使用的液压油液来说，首先要考虑黏度。黏度太大，液流的压力损失和发热大，使系统的效率降低；黏度太小，泄漏增大，也会使液压系统的效率降低。因此，应选择使系统能正常、高效和可靠工作的油液黏度。

在液压系统中，液压泵的工作条件最为严格。它压力大、转速和温度高，所以一般根据液压泵的要求来确定液压油液的黏度。同时，因油温对油液的黏度影响极大，而且还会分解出不利于使用的成分，或因过量的汽化而使液压泵吸空，无法正常工作。所以，应根据具体情况控制油温，使泵和系统在油液的最佳黏度范围内工作。

四、液压油的污染与防护

液压油是否清洁，不仅影响液压系统的工作性能和液压元件的使用寿命，而且直接关系到液压系统是否能正常工作。液压系统的多数故障与液压油受到污染有关，因此控制液压油的污染是十分重要的。

（一）液压油被污染的原因

（1）液压系统的管道及液压元件内的型砂、切屑、磨料、焊渣、锈片、灰尘等污垢在系统使用前冲洗时未被洗干净，在液压系统工作时，这些污垢就进入液压油里。

（2）外界的灰尘、砂粒等，在液压系统工作过程中通过往复伸缩的活塞杆、流回油箱的漏油等进入液压油里。另外在检修时，稍不注意也会使灰尘、棉绒等进入液压油里。

（3）液压系统本身也不断地产生污垢，而直接进入液压油里，如金属和密封材料的磨损颗粒、过滤材料脱落的颗粒或纤维及油液因油温升高氧化变质而生成的胶状物等。

（二）油液污染的危害

液压油污染严重时，直接影响液压系统的工作性能，使液压系统经常发生故障，使液压元件寿命缩短。造成这些危害的原因主要是污垢中的颗粒。对于液压元件来说，由于这些固体颗粒进入元件里，会使元件的滑动部分磨损加剧，并可能堵塞液压元件里的节流孔、阻尼孔，或使阀芯卡死，从而造成液压系统的故障。水分和空气的混入使液压油的润滑能力降低并使它加速氧化变质，产生气蚀，使液压元件加速腐蚀，使液压系统出现振动、爬行等。

（三）防止污染的措施

1. 减少外来的污染

液压传动系统的管路和油箱等在装配前必须严格清洗，用机械的方法除去残渣和表面氧化物，然后进行酸洗。液压传动系统在组装后要进行全面清洗，最好用系统工作时使用的油液清洗，特别是液压伺服系统、最好要经过几次清洗来保证清洁。油箱通气孔要加空气滤清器，给油箱加油要用滤油车，对外露件应装防尘密封，并经常检查，定期更换。液压传动系统的维修、液压元件的更换、拆卸应在无尘区进行。

2. 滤除系统产生的杂质

应在系统的相应部位安装适当精度的过滤器，并且要定期检查、清洗或更换滤芯。

3. 控制液压油液的工作温度

液压油液的工作温度过高会加速其氧化变质，产生各种生成物，缩短它的使用期限，所以要限制油液的最高使用温度。

4. 定期检查并更换液压油液

应根据液压设备使用说明书的要求和维护保养规程的有关规定，定期检查并更换液压油液。更换液压油液时要清洗油箱，冲洗系统管道及液压元件。

本任务主要介绍液压传动的基础知识，掌握液体的黏性、运动黏度的含义；理解液体的黏温特性和可压缩性。学会识别液压油的牌号，会正确选用液压油。

一、填空题

1. 对液压油不正确的要求是闪点要________凝点要________，正确的要求是适宜的黏度、良好的润滑性。

2．运动速度________时宜采用黏度较低的液压油，以减少摩擦损失；工作压为________时宜采用黏度较高的液压油，以减少泄漏。

二、选择题

1．在液压系统中，油液不起（　　）的作用。

A．升温　　B．传递动力　　C．传递运动　　D．润滑元件

2．对液压油不正确的要求是（　　）。

A．适宜的黏度　　B．良好的润滑性　　C．闪点要低　　D．凝点要低

3．抗磨液压油的品种代号是（　　）。

A．HL　　B．HM　　C．HV　　D．HG

4．选择液压油时,主要考虑油液的_____。

A．密度　　B．成分　　C．黏度

三、判断题

1．黏性是液体分子间因流动而产生的内摩擦力。（　　）

2．运动黏度 v 的单位是 m^2/S 或 cSt。（　　）

3．在选择液压油时，一般根据泵的要求来确定液压油液的黏度。（　　）

4．油液的黏度随温度而变化。低温时油液黏度增大，液阻增大，压力损失增大；高温时黏度减小，油液变稀，泄漏增加，流量损失增加。（　　）

四、简答题

1．液压油具有压缩性，为什么在液压系统计算时常常被忽略？

2．液压油的选用应考虑哪几方面？

任务二　压力和流量的认知

任务介绍

液体是液压传动的工作介质，了解液体的静力学和动力学规律，对于正确理解液压传动原理，以及合理设计、使用和维修液压系统是十分重要的。

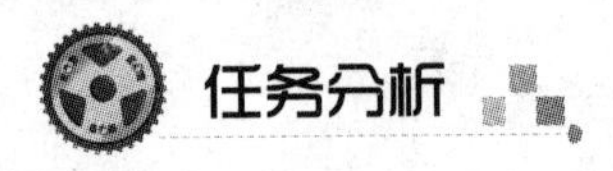

本任务内容多，术语概念多。通过动画展示液流的两种状态，加深对雷诺数的理解；以压力和流量的概念引入液体连续性方程、伯努利方程；阐述压力与负载，流量与流速的重要

结论；理解液压冲击、空穴现象两个液压现象。

相关知识

一、液体静力学

（一）液体静压力的性质和单位

单位面积上所受的法向力称为静压力。静压力在液体传动中简称压力，在物理学中称为压强，本书以后只用“压力”一词，用符号 p 表示。

$$p = \frac{F}{A} \tag{2-2}$$

压力的国际单位为 Pa（帕），常用单位为 MPa，$1\text{MPa}=10^6\text{Pa}$。

（二）液体压力的表示方法

液体压力分为绝对压力和相对压力两种。以绝对零压为基准测量的压力，称为绝对压力；以大气压力为基准测量的压力，称为相对压力。绝大多数测压仪表，因其外部均受大气压力作用，在大气压力下指针指在零点，所以仪表指示的压力是相对压力或表压力。在液压传动中，如不特别指明，所提到的压力均为相对压力。如果某点的绝对压力比大气压力低，说明该点存在真空，把该点的绝对压力比大气压力小的那部分压力值称为真空度。它们的关系如图 2-2 所示，用式子表示为

$$\text{绝对压力}=\text{表压力}+\text{大气压力} \tag{2-3}$$

$$\text{真空度}=\text{大气压力}-\text{绝对压力} \tag{2-4}$$

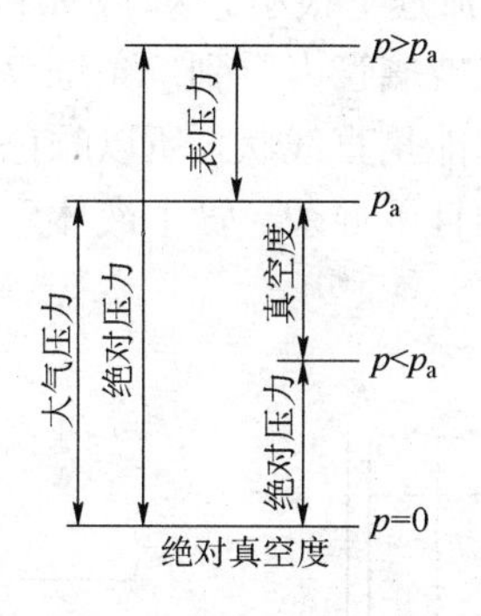

图 2-2　相对压力与绝对压力间的关系

二、液体动力学

液体动力学主要研究液体流动时的运动规律、能量转换等问题，本节主要讨论液流的连续性方程、伯努利方程。

（一）基本概念

1. 理想液体与稳定流动

（1）理想液体就是没有黏性、不可压缩的液体。我们把既具有黏性又可压缩的液体称为实际液体。

（2）液体流动时，如果液体中任何质点的运动参数（压力、流速及密度）不随时间变化，则液体的这种运动称为稳定流动。但只要有一个运动参数随时间而变化，则是非稳定流动。

2. 通流截面

垂直于液体流动方向的截面称为通流截面。

3. 流量和平均流速

单位时间内流过某通流截面的液体体积称为流量，常用q表示，即

$$q = \frac{V}{t} \tag{2-5}$$

式中 q——流量，在液压传动中流量常用单位m^3/s 或 L/min；

V——液体的体积；

t——流过液体体积V所需的时间。

4. 液体的两种流态及雷诺数判断

液体流动时有两种不同的流动状态，即层流和紊流

1）层流和紊流

试验装置如图 2-3 所示，试验时保持水箱中水位恒定，然后将阀门 A 微微开启，使少量水流流经玻璃管，即玻璃管内平均流速v很小。这时，如将颜色水容器的阀门 B 也微微开启，使颜色水也流入玻璃管内，可以在玻璃管内看到一条细直而鲜明的颜色流束，而且不论颜色水放在玻璃管内的任何位置，它都能呈直线状，所以颜色水和周围的液体没有混杂。液体流动时，液体质点间没有横向运动，且不混杂。管中液体质点都是做线状或层状的流动，没有横向运动，这种流动叫做层流。

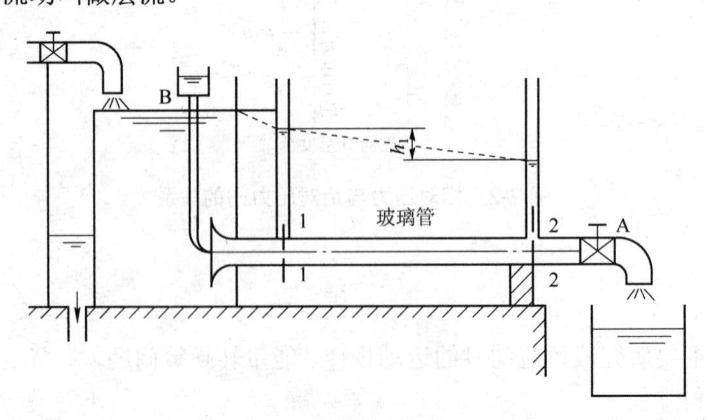

图 2-3 雷诺试验

如果把阀门 A 缓慢开大，管中流量和它的平均流速 v 也将逐渐增大，直至平均流速增加至某一数值，颜色流束开始弯曲颤动，如果阀门 A 继续开大，颜色水就完全与周围液体混杂而不再维持流束状态。这说明玻璃管内液体质点运动是杂乱无章的，既有平行于管道轴线的运动，又有剧烈的横向运动，这种流动叫做紊流。

2）雷诺数判断

液体的流动状态是层流还是紊流，可以通过无量纲值雷诺数 Re 来判断。实验证明，液体在圆管中的流动状态可用下式来表示

$$Re = \frac{vd}{\nu} \tag{2-6}$$

式中 v——管道的平均速度；

ν——液体的运动黏度；

d——管道内径。

在雷诺试验中发现，液流由层流转变为紊流和由紊流转变为层流时的雷诺数是不同的，前者比后者的雷诺数要大。在理论计算中，一般都用小的雷诺数作为判断流动状态的依据，称为临界雷诺数，计作 Re_{cr}。当雷诺数小于临界雷诺数时，看作层流；反之，为紊流。常见液流管道的临界雷诺数如表 2-2 所示。

表 2-2 常见液流管道的临界雷诺数

管道的材料与形状	Re_{cr}	管道的材料与形状	Re_{cr}
光滑的金属圆管	2 000～2 320	带槽装的同心环状缝隙	700
橡胶软管	1 600～2 000	带槽装的偏心环状缝隙	400
光滑的同心环状缝隙	1 100	圆柱形滑阀阀口	260
光滑的偏心环状缝隙	1 000	锥状阀口	20～100

（二）连续性方程

连续性方程是质量守恒定律在流体力学中的一种表示形式，液体在稳定流动时，单位时间内流过管道内任一个截面的流体质量一定是相等的，既不会增多，也不会减少。在不考虑液体的可压缩性的情况下，单位时间流过管道任一截面的液体体积就是相等的，即通过流通管道任一截面的液体流量相等，连续性方程示意图如图 2-4 所示，即

$$\rho_1 v_1 A_1 = \rho_2 v_2 A_2 = \text{常数}$$

当忽略液体的可压缩性时，$\rho_1 = \rho_2$，则得

$$v_1 A_1 = v_2 A_2 \tag{2-7}$$

或

$$q_1 = q_2$$

式中 q_1、q_2——液体流经通流截面 A_1、A_2 的流量；

v_1、v_2——液体在通流截面 A_1、A_2 上的平均速度。

因为两通流截面的选取是任意的，故有

$$q = Av = \text{常数} \tag{2-8}$$

这就是液流的流量连续性方程，这个方程式表明，不管平均流速和液流通流截面面积沿着流程怎样变化，流过不同截面的液体流量仍然相同。管径越大，通流截面的平均流速则越小；反之，通流截面的平均流速则越大。

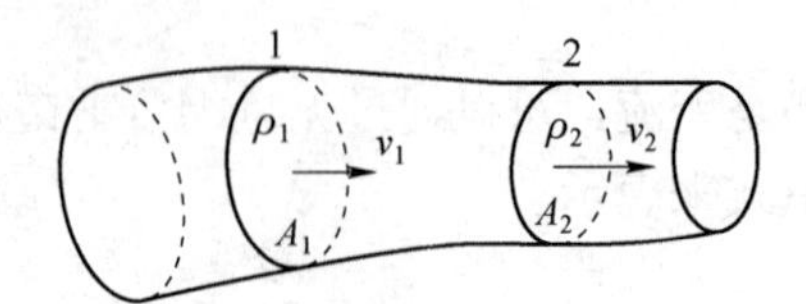

图 2-4　连续性方程推导简图

（三）伯努利方程

伯努利方程是能量守恒定律在流体力学中的一种表达形式。

1. 理想液体的伯努利方程

为研究的方便，一般将液体作为没有黏性的理想液体来处理。

$$z_1 + \frac{p_1}{pg} + \frac{v_1^2}{2g} = z_2 + \frac{p_2}{pg} + \frac{v_2^2}{2g} \tag{2-9}$$

理想液体伯努利方程的物理本质：理想液体做恒定流动时具有压力能、势能和动能三种能量形式；在任一截面上这三种能量形式之间可以互相转换，但这三种能量在任意截面上的形式之和为一定值，即能量守恒。

式中　$\frac{p}{\rho g}$——单位质量液体所具有的压力能，称为比压能，也叫作压力水头；

Z——单位质量液体所具有的势能，称为比位能，也叫作位置水头；

（$\frac{v^2}{2g}$）——单位质量液体所具有的动能，称为比动能，也叫作速度水头，它们的量纲都为长度。

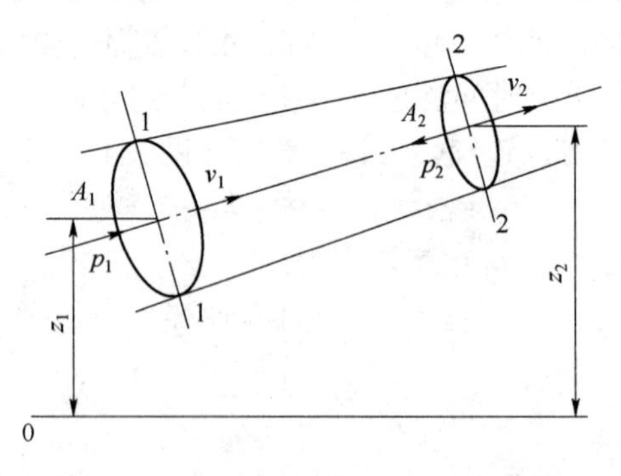

图 2-5　理想液体伯努利方程的推导

2. 实际液体的伯努利方程

由于液体存在着黏性，在流动的过程中，液体与固体壁面之间、液体相互之间产生摩擦，消耗能量；液体在通过通流载面有变化的地方，会产生旋涡等，也会产生能量损失。因此，当液体流动时，液流的总能量或总比能在不断地减少。所以，实际液体的伯努力方程为

$$z_1+\frac{p_1}{\rho g}+\frac{\alpha_1 v_1^2}{2g}=z_2+\frac{p_2}{\rho g}+\frac{\alpha_2 v_2^2}{2g}+h_w \tag{2-10}$$

式中　α_1、α_2——动能修正系数，紊流时取$\alpha_1=1$，层流时取$\alpha_2=2$；

h_w——单位质量液体的能量损失。

三、管道内压力损失的计算

实际液体在流动时存在阻力，为了克服阻力就要消耗一部分能量，这样就有能量损失。在液压传动中，能量损失主要表现为压力损失，这就是实际液体流动的伯努利方程式中的h_w项的含义。液压系统中的压力损失分为两类，即沿程压力损失和局部压力损失。

（一）沿程压力损失

实际液体是有黏性的，当液体流动时，这种黏性表现为阻力。沿程压力损失，是指液体在直径不变的直管中流动时克服摩擦阻力的作用而产生的能量消耗。因为液体流动有层流和紊流两种状态，所以沿程压力损失也有层流沿程压力损失和紊流沿程压力损失两种。

在液压系统中，液体在管道中的流动速度相对比较低，所以圆管中的层流是液压传动中最常见的现象。

$$\Delta p_\lambda=\lambda\frac{l}{d}\frac{\rho v^2}{2} \tag{2-11}$$

式中　Δp_λ——层流沿程损失，单位为Pa；

p——液体的密度，单位为kg/m^3；

Re——雷诺数；

v——液体流动的平均速度，单位为m/s；

d——管子直径，单位为m；

λ——沿程阻力系数，理论值为$\lambda=\frac{64}{Re}$。

试验证明液体在金属管道中流动时宜取$\lambda=\frac{75}{Re}$，在橡胶软管中流动时取$\lambda=\frac{80}{Re}$，液体在直管中紊流流动时，$\lambda=0.3164Re^{-0.25}$。

（二）局部压力损失

局部压力损失，就是液体流经管道的弯头、接头、阀口以及突然变化的截面等处时，因流速或流向发生急剧变化而在局部区域产生流动阻力所造成的压力损失。由于液流在这些局部阻碍处的流动状态相当复杂，影响因素较多，局部压力损失的计算公式为

$$\Delta p_\zeta=\zeta\frac{\rho v^2}{2} \tag{2-12}$$

式中　ζ——局部阻力系数，由试验求得，也可查阅有关手册；

v——液体的平均流速，一般情况下均指局部阻力下游处的流速。

（三）管路中总的压力损失

液压系统的管路由若干段直管和一些弯管、阀、过滤器、管接头等元件组成，因此管路总的压力损失就等于所有直管中的沿程压力损失之和与所有局部压力损失之和的叠加，即：

$$\Delta p=\sum\lambda\frac{l}{d}\frac{\rho v^2}{2}+\sum\zeta\frac{\rho v^2}{2} \tag{2-13}$$

通常情况下，液压系统的管路并不长，所以沿程压力损失比较小，而阀等元件的局部压力损失却较大。因此管路总的压力损失一般以局部损失为主。液压系统的压力损失绝大部分转换为热能，使油液温度升高、泄漏增多、传动效率降低。

为了减少压力损失，常采用下列措施：

（1）尽量缩短管道，减少截面变化和管道弯曲。

（2）管道内壁尽量做得光滑，油液黏度恰当。

由于流速的影响较大，应将油液的流速限制在适当的范围内。

四、液压冲击及空穴现象

（一）液压冲击现象

在液压系统中，当极快地换向或关闭液压回路时，致使液流速度急速地改变（变向或停止），由于流动液体的惯性或运动部件的惯性，会使系统内的压力突然升高，产生很高的压力峰值，这种现象称为液压冲击。

液压冲击的危害是很大的，发生液压冲击时管路中的冲击压力往往急增很多倍，而使按工作压力设计的管道破裂。此外，所产生的液压冲击波会引起液压系统的振动和冲击噪声。有时冲击会使某些液压元件如压力继电器、顺序阀等产生误动作，影响系统正常工作。因此在液压系统设计时要考虑这些因素，尽量减少液压冲击的影响。为此，一般可采用如下措施：

（1）缓慢关闭阀门，削减冲击波的强度。

（2）在阀门前设置蓄能器，以减小冲击波传播的距离。

（3）应将管中流速限制在适当范围内，或采用橡胶软管，也可以减小液压冲击。

（4）在系统中装置安全阀，可起卸载作用。

（二）空穴现象

1．空穴现象及气蚀的概念

在液流中，由于压力降低到一定程度，形成气泡的现象统称为空穴现象。一般液体中溶解有空气，当压力降低时，原先溶解于油液中的气体，就要以很高的速度分解出来，成为游离微小气泡，并聚合长大，使原来充满油液的管道变为混有许多气泡的不连续状态，出现了空穴现象。

管道中发生空穴现象时，气泡随着液流进入高压区时，体积急剧缩小，气泡又凝结成液体，形成局部真空，周围液体质点以极大的速度来填补这一空间，使气泡凝结处瞬间局部压力可高达数百巴，温度可达近千度。在反复受到液压冲击与高温作用下，在从油液中游离出来的氧气的侵蚀下，管壁或液压元件表面将产生剥落破坏，这种因空穴产生的零件剥蚀称为气蚀。

2. 空穴的原因

（1）泵吸入管路连接、密封不严，使空气进入管道。

（2）回油管高出油面使空气冲入油中而被泵吸油管吸入油路，以及泵吸油管道阻力过大。

（3）当油液流经节流部位，流速增高，压力降低，在节流部位前后压差 $p_1/p_2 \geqslant 3.5$ 时，将发生节流空穴。

3. 预防空穴现象的措施

空穴现象会引起系统的振动，产生冲击、噪声、气蚀使工作状态恶化，应采取如下预防措施。

（1）限制泵吸油口离油面高度，泵吸油口要有足够的管径，滤油器压力损失要小，自吸能力差的泵用于辅助供油。

（2）管路密封要好，防止空气渗入。

（3）节流口压力降要小，一般控制节流口前后压差比 $p_1/p_2 < 3.5$。

归纳总结

通过本任务的学习，重点掌握压力与流量这两个重要参数；液压系统的压力取决于负载，速度取决于流量；理解液体流动时产生压力损失的原因；液压冲击及空穴现象。

练　习

一、填空题

1．液压系统中的压力，即常说的表压力，指的是________压力。压力单位是 MPa。

2．绝对压力不足于大气压力的数值称为________。在液流中压力降低到有气泡形成的现象统称为________。

3．流量单位是________，或工程单位________。

4．液压系统中的压力取决于________，而输入的流量决定执行元件的________。

5．液体在直管中流动时，产生________压力损失；在变直径管、弯管中流动时产生________压力损失。

二、选择题

1．液压系统中正常工作的最低压力是（　　）。

A．溢流阀调定压力　　　　B．负载压力

C．泵额定压力　　D．阀额定压力

2．负载无穷大时，则压力决定于（　　）。

A．调压阀调定压力　　B．泵的最高压力

C．系统中薄弱环节　　D．前三者的最小值

3. 当液压系统中有几个负载并联时，系统压力取决于克服负载的各个压力值中的（　　）

A．最小值　　B．额定值　　C．最大值　　D．极限值

4．液流连续性方程（　　）。

A．假设液体可压缩　　B．假设液体做非稳定流动

C．根据质量守恒定律推导　　D．可说明管道细、流速小

5. 活塞（或液压缸）的有效作用面积一定时，活塞（或液压缸）的运动速度取决于（　　）

A．液压缸中油液的压力　　B．负载阻力的大小

C．进入液压缸的油液流量　　D．液压泵的输出流量

6．油液在截面积相同的直管路中流动时，油液分子之间、油液与管壁之间摩擦所引起的损失是（　　）

A．沿程损失　　B．局部损失　　C．容积损失　　D．流量损失

7．对压力损失影响最大的是（　　）。

A．管径　　B.管长　　C．流速　　D.阻力系数

8．理想液体的伯努利方程中没有（　　）。

A．动能　　B．势能　　C．热能　　D．压力能

三、判断题

1．液压泵输出的压力和流量应等于液压缸等执行元件的工作压力和流量。（　　）

2．液压传动中，作用在活塞上的推力越大，活塞运动的速度越快。（　　）

3．油液在无分支管路中稳定流动时，管路截面积大的地方流量大，截面积小的地方流量小。（　　）

4．液压系统中某处有几个负载并联时，压力的大小取决于克服负载的各个压力值中的最小值。（　　）

5．实际的液压传动系统中的压力损失以局部损失为主。（　　）

6．液压传动系统的泄漏必然引起压力损失。（　　）

7．作用在活塞上的压力越大，活塞运动速度就越快。（　　）

8．在变径管中，面积越小，液体速度越大。（　　）

四、简答题

1．为什么减缓阀门的关闭速度可以降低液压冲击？

2．液压冲击和气穴现象是怎样产生的？有何危害？如何防止？

项目三　液压泵的选用

- 掌握齿轮泵、叶片泵、柱塞泵的工作原理、性能参数、结构特点。
- 了解各类泵的典型结构及应用范围。

- 通过本章学习，要求掌握液压泵的工作原理、结构特点及应用范围。

- 密闭容积的确定。
- 额定压力和实际压力的概念。
- 变量叶片泵的特性。

任务一　液 压 泵

任务介绍

液压泵将原动机（电动机或内燃机）输出的机械能转换为工作液体的压力能，是一种能量转换装置，是系统不可缺少的核心元件。

任务分析

本任务以课堂教学为主，充分利用网络课程中的多媒体素材来表示抽象概念，从单柱塞液压泵出发，首先学习液压泵的工作原理、参数；利用齿轮泵和叶片泵的拆装实验，介绍几种典型液压泵（齿轮泵、叶片泵、柱塞泵）的工作原理、性能参数、基本结构、性能特点及应用范围等。

相关知识

一、液压泵的工作原理及特点

（一）液压泵的工作原理

液压泵都是依靠密封容积变化的原理来进行工作的，故一般称为容积式液压泵。如图 3-1 所示为单柱塞液压泵的工作原理图，图中柱塞 2 装在缸体 3 中形成一个密封腔 a，柱塞在弹簧 4 的作用下始终压紧在偏心轮 1 上。原动机驱动偏心轮 1 旋转使柱塞 2 做往复运动，使密封腔 a 的大小发生周期性的交替变化。当腔 a 由小变大时就形成部分真空，使油箱中油液在大气压作用下，经吸油管顶开单向阀 6 进入密封腔 a 而实现吸油；反之，当腔 a 由大变小时，腔 a 中吸满的油液将顶开单向阀 5 进入系统而实现压油。这样液压泵就将原动机输入的机械能转换成液体的压力能，原动机驱动偏心轮不断旋转，液压泵就不断地吸油和压油。

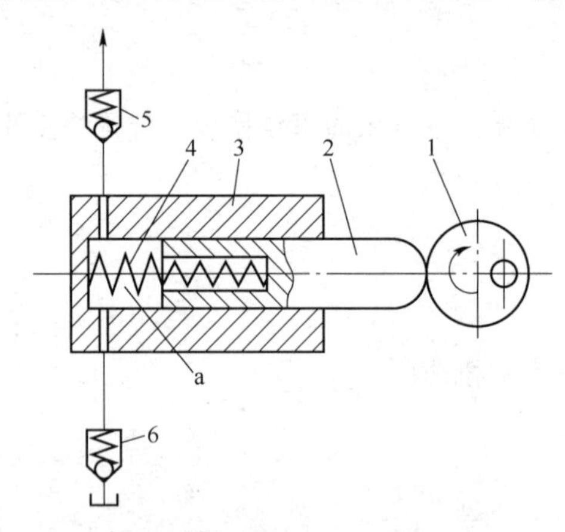

图 3-1　液压泵工作原理示意图

1—偏心轮；2—柱塞；3—缸体；4—弹簧；5、6—单向阀；a—密封腔

（二）液压泵的特点

为了保证液压泵正常工作，泵必须具备三个基本特点：

（1）具有若干个密封且又可以周期性变化的腔。密封腔容积变大，泵吸油；密封腔容积变小，泵压油。

（2）油箱内液体的绝对压力必须恒等于或大于大气压力。这是容积式液压泵能够吸入油液的外部条件。因此，为保证液压泵正常吸油，油箱必须与大气相通。

（3）具有相应的配流机构，将吸油腔和压油腔隔开，保证液压泵有规律地、连续地吸、压油。液压泵的结构不同，其配油机构也不相同。如图 3-1 中的单向阀 5、6 就是配油机构。

液压泵按其在单位时间内所能输出的油液的体积是否可调节而分为定量泵和变量泵两类；按结构形式可分为齿轮式、叶片式和柱塞式三大类。

（三）液压泵的图形符号

液压泵的图形符号如图 3-2 所示。

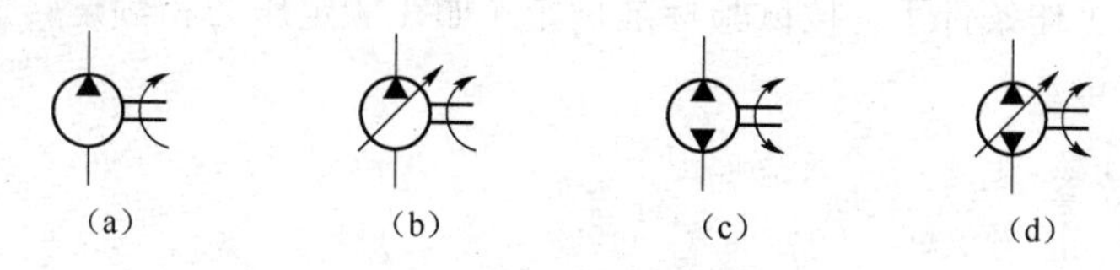

图 3-2　液压泵的图形符号

（a）单向定量液压泵；（b）单向变量液压泵；（c）双向定量液压泵；（d）双向变量液压泵

二、液压泵的主要性能参数

（一）压力

1. 工作压力 p

液压泵实际工作时的输出压力称为工作压力。工作压力的大小取决于外负载的大小和排油管路上的压力损失。

2. 额定压力 p_n

液压泵在正常工作条件下，按试验标准规定连续运转的最高压力称为液压泵的额定压力。

3. 最高允许压力 p_m

在超过额定压力的条件下，根据试验标准规定，允许液压泵短暂运行的最高压力值，称为液压泵的最高允许压力。

（二）排量和流量

1. 排量 V

液压泵每转一周排出液体的体积称为液压泵的排量。排量可调节的液压泵称为变量泵；排量为常数的液压泵则称为定量泵。

2. 理论流量 q_t

理论流量是指在不考虑液压泵的泄漏流量的情况下，在单位时间内所排出的液体体积。显然，如果液压泵的排量为 V，其主轴转速为 n，则该液压泵的理论流量 q_t 为

$$q_t = Vn \tag{3-1}$$

3. 实际流量 q

液压泵在某一具体工况下，单位时间内所排出的液体体积称为实际流量，它等于理论流量 q_t 减去泄漏流量 Δq，即

$$q = q_t - \Delta q \tag{3-2}$$

4. 额定流量 q_n

液压泵在正常工作条件下，按试验标准规定（如在额定压力和额定转速下）必须保证的流量，称为额定流量。

（三）功率和效率

1. 液压泵的功率

（1）输入功率 P_i。液压泵的输入功率是指作用在液压泵主轴上的机械功率，当输入转矩为 T_0，角速度为 ω 时，有

$$p_i = T_0 \omega \tag{3-3}$$

（2） 输出功率 P_o。液压泵的输出功率是指液压泵在工作过程中实际吸、压油口间的压力差 Δp 和输出流量 q 的乘积，即

$$p_o - \Delta p q \tag{3-4}$$

式中 Δp——液压泵吸、压油口之间的压力差，单位为 Pa；

q——液压泵的实际输出流量，单位为 m^3/s；

P_o——液压泵的输出功率，单位为 W。

在实际的计算中，若油箱与大气相通，液压泵吸、压油的压力差往往用液压泵出口压力 p 代入。

2. 液压泵的功率损失

液压泵的功率损失有容积损失和机械损失两部分。

（1）容积损失。容积损失是指液压泵流量上的损失，液压泵的实际输出流量总是小于其理论流量，其主要原因是由于液压泵内部的泄漏、油液黏度大以及液压泵转速高等原因而导致油液不能全部充满密封工作腔。液压泵的容积损失用容积效率来表示，它等于液压泵的实际输出流量 q 与其理论流量 q_t 之比，即

$$\eta_v = \frac{q}{q_t} = \frac{q_t - \Delta q}{q_t} = 1 - \frac{\Delta q}{q_t} \tag{3-5}$$

液压泵的容积效率随着液压泵工作压力的增大而减小，但恒小于 1。

（2）机械损失。机械损失是指液压泵在转矩上的损失，主要包括由于液压泵体内相对运动部件之间发生机械摩擦而引起的摩擦损失以及液体的黏性而引起的摩擦损失。液压泵的机械损失用机械效率表示，它等于液压泵的理论转矩 T_i 与实际输入转矩 T_o 之比，设转矩损失为 ΔT，则液压泵的机械效率为

$$\eta_m = \frac{T_i}{T_o} = \frac{1}{1 + \frac{\Delta T}{T_i}} \tag{3-6}$$

（3）液压泵的总效率。液压泵的总效率是指液压泵的实际输出功率与其输入功率的比值，即

$$\eta=\frac{P_o}{P_i}=\frac{\Delta pq}{T_0\omega}=\frac{\Delta pq_i\mu_y}{\dfrac{T_i\omega}{\eta_m}}=\eta_v\eta_m \tag{3-7}$$

由式（3-7）可知，液压泵的总效率等于其容积效率与机械效率的乘积，所以液压泵的输入功率也可写成：

$$P_i=\frac{\Delta pq}{\eta} \tag{3-8}$$

三、齿轮泵

（一）外啮合齿轮泵

外啮合齿轮泵主要由主、从动齿轮，驱动轴及泵体等主要零件构成。泵体内相互啮合的主、从动齿轮 2 和 3 与两端盖及泵体一起构成密封腔，齿轮的啮合点将左、右两腔隔开，形成了吸、压油腔。

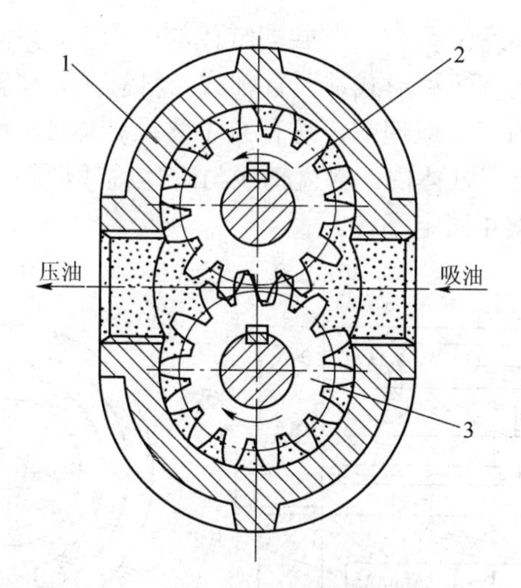

图 3-3　外啮合齿轮泵的工作原理

1—泵体；2—主动齿轮；3—从动齿轮

外啮合齿轮泵的工作原理如图 3-3 所示，当齿轮按图示方向旋转时，右侧吸油腔内的轮齿脱离啮合，密封腔容积不断增大，形成部分真空，油液在大气压力作用下从油箱经吸油管进入吸油腔，这就是齿轮泵的吸油过程；油液被旋转的轮齿带入左侧的压油腔，左侧压油腔内的轮齿不断进入啮合，使密封腔容积减小，油液受到挤压经压油口排向系统，这就是齿轮泵的压油过程。在齿轮泵的啮合过程中，啮合点沿啮合线，把吸油区和压油区分开。工作中轮齿不断地旋转，吸、压油过程便连续进行。

实际上，由于齿轮泵在工作过程中存在排量脉动，瞬时流量也是脉动的。流量脉动会直接影响到系统工作的平稳性，引起压力脉动，使管路系统产生振动和噪声。在容积式泵中，齿轮泵的流量脉动最大，并且齿数越少，脉动率越大，这是外啮合齿轮泵的一个弱点。

（二）内啮合齿轮泵

内啮合齿轮泵是由配油盘（前、后盖）、外转子（从动轮）和偏心安置在泵体内的内转子（主动轮）等组成。其工作原理如图 3-4 所示，小齿轮为主动轮，按图示方向旋转时，轮齿退出啮合，密封腔容积逐渐变大而吸油，进入啮合的密封腔，其容积逐渐减小而压油，当内转子连续转动时，即完成了液压泵的吸、排油工作。内转子和外转子之间需装设一块月牙板，以便把吸、压油腔隔开。

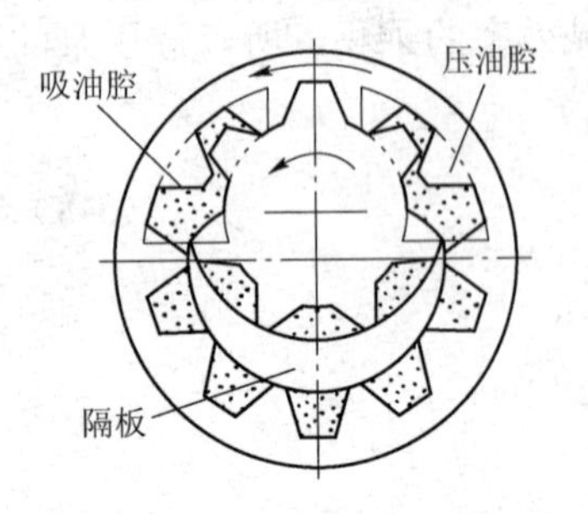

图 3-4 内啮合齿轮泵的工作原理

内啮合齿轮泵有许多优点，如结构紧凑、体积小、零件少，转速可高达 10 000r/min，运动平稳，噪声低，容积效率较高等。缺点是流量脉动大，转子的制造工艺复杂等。

四、轴向柱塞泵

轴向柱塞泵是将多个柱塞配置在一个共同缸体的圆周上，并使柱塞中心线和缸体中心线平行的一种泵。轴向柱塞泵有两种形式，即直轴式（斜盘式）和斜轴式（摆缸式）。如图 3-5 所示为直轴式轴向柱塞泵的工作原理图，这种泵主体由缸体 1、配油盘 2、柱塞 3 和斜盘 4 组成。柱塞沿圆周均匀分布在缸体内。斜盘轴线与缸体轴线倾斜一角度，柱塞靠弹簧力压紧在斜盘上，配油盘 2 和斜盘 4 固定不转。

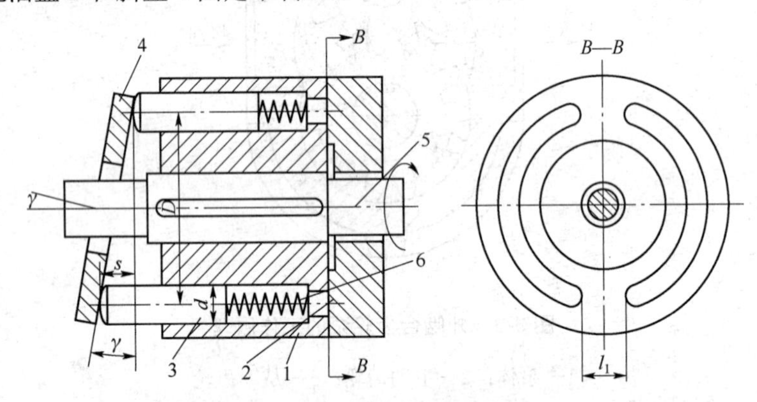

图 3-5 直轴式轴向柱塞泵的工作原理

1—缸体；2—配油盘；3—柱塞；4—斜盘；5—传动轴；6—弹簧

当原动机通过传动轴使缸体转动时，由于斜盘的作用，迫使柱塞在缸体内作往复运动，并通过配油盘的配油窗口进行吸油和压油。如图 3-5 中所示回转方向，当缸体转角在π～2π范围内时，柱塞向外伸出，柱塞底部缸孔的密封腔容积增大，通过配油盘的吸油窗口吸油；在 0～π范围内，柱塞被斜盘推入缸体，使缸孔密封腔容积减小，通过配油盘的压油窗口压油。缸体每转一周，每个柱塞各完成吸、压油一次，如改变斜盘倾角，就能改变柱塞行程的长度，即改变液压泵的排量。改变斜盘倾角方向，就能改变吸油和压油的方向，即成为双向变量泵。

轴向柱塞泵的优点是结构紧凑、径向尺寸小、惯性小、容积效率高，目前最高压力可达40.0MPa，甚至更高，一般用于工程机械、压力机等高压系统中，但其轴向尺寸较大，轴向作用力也较大，结构比较复杂。

实际上，由于柱塞在缸体孔中运动的速度不是恒速的，因而输出流量是有脉动的。当柱塞数为奇数时，脉动较小，因而一般常用的柱塞泵的柱塞个数为7、9或11。

五、叶片泵

叶片泵的结构较复杂，但其工作压力较高，且流量脉动小，工作平稳，噪声较小，寿命较长。所以它广泛应用于机械制造中的专用机床、自动线等中低液压系统中，但其结构复杂，吸油特性不太好，对油液的污染也比较敏感。

根据各密封腔在转子旋转一周吸、压油液次数的不同，叶片泵分为两类，即完成一次吸、压油液的单作用叶片泵和完成两次吸、压油液的双作用叶片泵。单作用叶片泵多为变量泵，双作用叶片泵均为定量泵。

（一）双作用定量叶片泵

双作用叶片泵的工作原理如图3-6所示，泵由定子1、转子2、叶片3和配油盘（图中未画出）等组成。转子和定子中心重合，定子内表面近似为椭圆柱形，该椭圆形由两段长半径 R、两段短半径 r 和四段过渡曲线所组成。当转子转动时，叶片在离心力和根部压力油的作用下，在转子槽内做径向移动而压向定子内表面，由叶片、定子的内表面、转子的外表面和两侧配油盘间形成若干个密封腔。

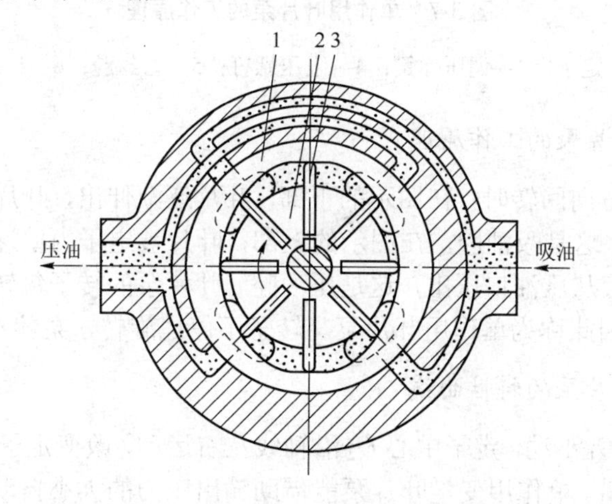

图3-6 双作用叶片泵的工作原理

1—定子；2—转子；3—叶片

当转子按图示方向旋转时，处在小圆弧上的密封腔经过渡曲线而运动到大圆弧的过程中，叶片外伸，密封腔容积增大，要吸入油液；再从大圆弧经过渡曲线运动到小圆弧的过程中，叶片被定子内壁逐渐压进槽内，密封腔容积变小，将油液从压油口压出。转子每转一周，每个工作腔要完成两次吸油和压油，所以称为双作用叶片泵，这种叶片泵由于有两个吸油腔和两个压油腔，并且是对称的，所以作用在转子上的油液压力相互平衡，因此双作用叶片泵又称为卸荷式叶片泵。为了使径向力完全平衡，叶片数是偶数。

（二）单作用变量叶片泵

1. 单作用变量叶片泵的结构

单作用叶片泵的工作原理如图 3-7 所示，定子 2 具有圆柱形内表面，定子 2 和转子 1 间有偏心距。叶片装在转子槽中，并可在槽内滑动。当转子回转时，由于离心力的作用，使叶片紧靠在定子内壁，这样在定子、转子、叶片和两侧配油盘间就形成若干个密封腔。

单作用叶片泵的流量也是有脉动的，奇数叶片的泵的脉动率比偶数叶片的泵的脉动率小，所以单作用叶片泵的叶片数均为奇数，一般为 13 或 15 片。

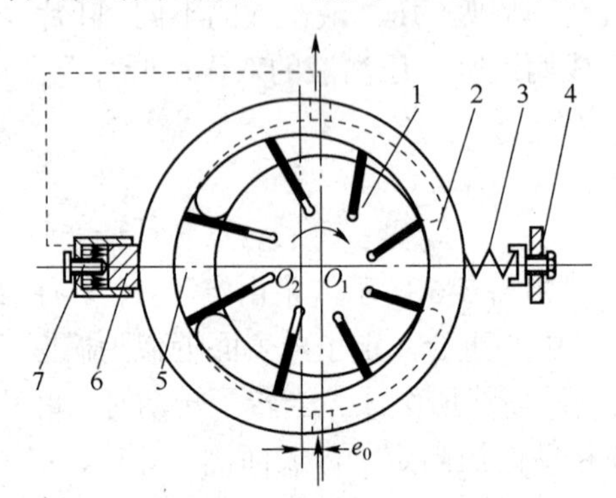

图 3-7　单作用叶片泵的工作原理

1—转子；2—定子；3—调压弹簧；4—限压螺钉；5—密封腔；6—柱塞；7—螺钉

2. 单作用变量叶片泵的工作原理

当转子按图示的方向回转时，在图示的下部，叶片逐渐伸出，叶片间的密封腔容积逐渐增大，从吸油口吸油，这是吸油腔。在图示的上部，叶片被定子内壁逐渐压进槽内，密封腔容积逐渐缩小，将油液从压油口压出，这是压油腔。叶片泵的转子每转一周，每个密封腔完成一次吸油和压油，因此称为单作用叶片泵。转子不停地旋转，泵就不断地吸油和压油。

3. 单作用变量叶片泵的特性曲线

转子的转动中心 O_1 不动，定子中心 O_2 沿轴线左右运动，改变定子和转子间的偏心距 e，就能改变泵的输出流量。单作用变量叶片泵能借助输出压力的大小自动改变偏心距 e 的大小来改变输出流量。在泵未运转时，定子 2 在弹簧 3 的作用下，紧靠柱塞 6，并使柱塞 6 靠在螺钉 7 上。这时，定子和转子有一初始偏心量 e_0，e_0 的大小决定泵的最大流量。调节螺钉 7 的位置，便可改变 e_0。

1）输出最大流量 q_t

泵的出口压力 p 较低时，则作用在柱塞 6 上的液压力也较小，若此液压力小于右端的弹簧作用力，定子处于图示最左端位置。活塞的面积为 A、调压弹簧 3 的刚度 k_s、预压缩量为

x_0时，有$pA < ksx_0$。此时，定子相对于转子的偏心量最大，输出流量最大。

2）限定压力p_b

随着外负载的增大，液压泵的出口压力p也将随之提高，当压力升至与弹簧力相平衡的控制压力p_b时，有

$$P_bA=k_sx_0 \tag{3-9}$$

当压力进一步升高，使$pA > k_sx_0$时，若不考虑定子移动时的摩擦力，液压作用力就要克服弹簧力推动定子向右移动，随之泵的偏心量e减小，泵的输出流量q也减小。p_b称为泵的限定压力，即泵处于最大流量时所能达到的最高压力。

3）*AB*段的含义

单作用变量叶片泵在工作过程中，当工作压力p小于预先调定的限定压力p_b时，液压作用力不能克服弹簧的预紧力，这时定子的偏心距保持最大不变，因此泵的输出流量q_t不变。但由于供油压力增大时，泵的泄漏流量也增加，所以泵的实际输出流量q也略有减少，如图3-8特性曲线中的*AB*段所示。

4）*BC*段的含义

当泵的供油压力p超过调定压力p_b时，液压作用力大于弹簧的预紧力，此时弹簧受压缩定子向右移动，偏心量减小，使泵的输出流量减小，压力越高，弹簧压缩量越大，偏心量越小，输出流量越小，其变化规律如特性曲线*BC*段所示。

5）截止压力p_c

当定子和转子之间的偏心量为零时，系统压力达到最大值，该压力称为截止压力p_c。实际上由于存在泵的泄漏，当偏心量尚未达到零时，泵向系统输出的流量实际已为零。

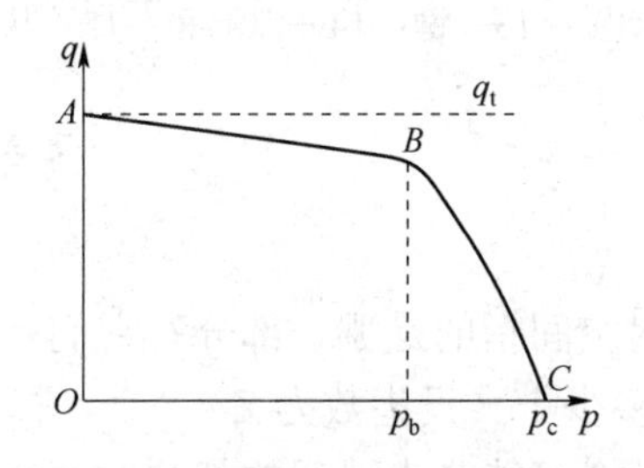

图3-8　单作用变量叶片泵的特性曲线

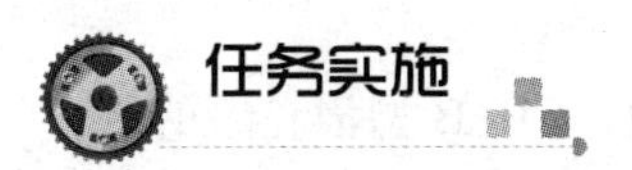

CB-B齿轮泵的拆装

一、CB-B齿轮泵的结构

CB-B齿轮泵的结构如图3-9所示，泵的前后盖和泵体由两个定位销17定位，用6只螺钉固紧。为了保证齿轮能灵活地转动，同时又要保证泄漏量最小，在齿轮端面和泵盖之间应有适当间隙（轴向间隙），对小流量泵，轴向间隙为0.025～0.04mm，大流量泵为0.04～0.06mm。

为了防止压力油从泵体和泵盖间泄漏到泵外，并减小压紧螺钉的拉力，在泵体两侧的端

面上开有泄油槽 16，使渗入泵体和泵盖间的压力油进入吸油腔。在泵盖和从动轴上的小孔，其作用是将泄漏到轴承端部的压力油也引入泵的吸油腔，防止油液外溢，同时也润滑了滚针轴承。

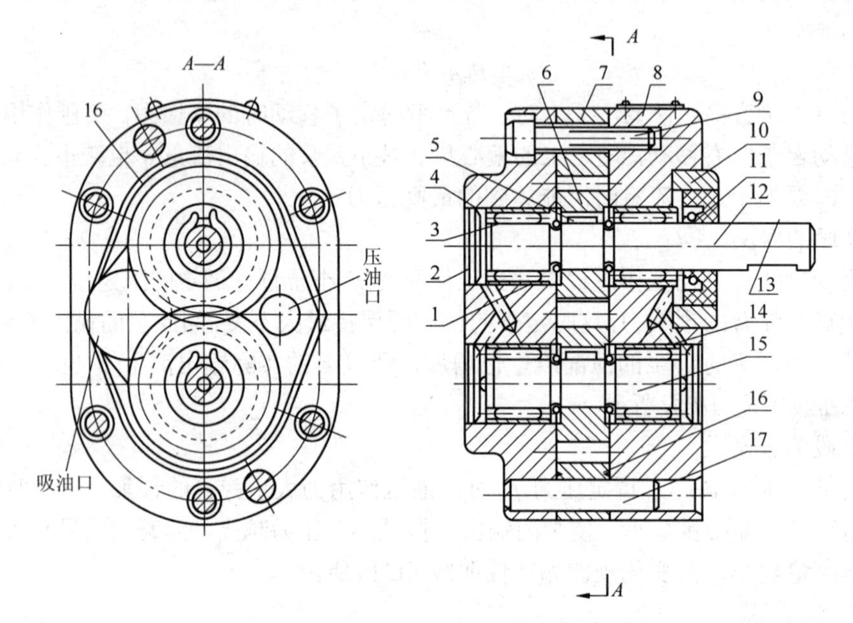

图 3-9　CB-B 齿轮泵的结构

1—轴承外环；2—堵头；3—滚子；4—后泵盖；5—键；6—齿轮；7—泵体；8—前泵盖；9—螺钉；10—压环；11—密封环；12—主动轴；13—键；14—泄油孔；15—从动轴；16—泄油槽；17—定位销

二、分析题

（1）组成齿轮泵的各个密封空间指的是哪一部分？它们是由哪几个零件的表面组成的？

（2）齿轮泵的密封空间有多少个（设齿数为 Z）？

（3）外啮合齿轮泵中存在几个可能产生泄漏的部位？哪个部分泄漏量较大？泄漏对泵的性能有何影响？就你所知，为减少泄漏，在设计和制造时应取哪些措施以保证端面间隙而减少泄漏？

（4）齿轮泵采用什么措施来减小齿轮轴承上承受的径向液压力？CB-B 型齿轮泵的进、出油口为何大小不同？

（5）动手操作，完成一台齿轮泵的装配过程。

本任务的主要内容为：液压泵的工作原理与性能参数；齿轮式、柱塞式和叶片式液压泵的工作原理、结构特点、及主要性能特点；了解不同类型的泵的性能差异及适用范围，为日后正确选用奠定基础。

练　习

一、填空题

1．液压泵是把________能转变为液体________能的转换装置，是液压传动系统中的动力元件。

2．液压传动中所用的液压泵都是靠密封的工作腔容积发生变化而进行工作的，所以都属于________。

3．在不考虑泄漏的情况下，泵在单位时间内排出的液体体积称为泵的________。

4．对于液压泵来说，实际流量总是________理论流量。

5．齿轮泵中每一对齿完成一次啮合过程就排一次油，实际在这一过程中，压油腔容积的变化率每一瞬时是不均匀的，因此，会产生流量________。

6．传动轴线与缸体轴线相交一个________的轴向柱塞泵称为斜轴式轴向柱塞泵。轴向柱塞泵主要由驱动轴、斜盘、柱塞、缸体和________五大部分组成。改变________，可以改变液压泵的排量 V。

7．单作用叶片泵的转子每转一周，完成吸、排油各________次，同一转速的情况下，改变它的________可以改变其排量，因此称其为变量泵。

二、选择题

1．液压系统中液压泵属（　　）。

A．动力部分　　B．执行部分　　C．控制部分　　D．辅助部分

2．液压泵是靠密封腔容积的变化来吸压油的，故称（　　）。

A．离心泵　　B．转子泵　　C．容积泵　　D．真空泵

3．液压泵单位时间内排出油液的体积称为泵的流量。泵在额定转速和额定压力下的输出流量称为（　　）；在没有泄漏的情况下，根据泵的几何尺寸计算而得到的流量称为（　　），它等于排量和转速的乘积。

A．实际流量　　B．理论流量　　C．额定流量

4．在实验或工业生产中，常把零压差下的流量（即负载为零时泵的流量）视为（　　）；有些液压泵在工作时，每一瞬间的流量各不相同，但在每转中按同一规律重复变化，这就是泵的流量脉动。瞬时流量一般指的是瞬时（　　）。

A．实际流量　　B．理论流量　　C．额定流量

5．液压泵的排量与（　　）有关。

A．泵的额定压力　B．泵的额定流量　C．泵的几何尺寸　D．泵的转速

6．外啮合齿轮泵的特点有（　　）。

A．结构紧凑，流量调节方便

B．价格低廉，工作可靠，自吸性能好

C．噪声小，输油量均匀

D．对油液污染不敏感，泄漏量小，主要用于高压系统

7．总效率较高的泵一般是（　　）。

A．齿轮泵　　B．叶片泵　　C．柱塞泵　　D．转子泵

8．双作用叶片泵（　　）。

A．可以是变量泵　B．压力较低　　C．定子椭圆形　　D．噪声高

9．单作用式叶片泵的转子每转一转，吸油、压油各（　　）次。

A．1 次　　B．2 次　　C．3 次　　D．4 次

10．当限压式变量泵工作压力 $p>p_{拐点}$时，随着负载压力上升，泵的输出流量（　　）；当恒功率变量泵工作压力 $p>p_{拐点}$时，随着负载压力上升，泵的输出流量（　　）。

A．增加　　B．呈线性规律衰减

C．呈双曲线规律衰减　　D．基本不变

11．奇数柱塞泵的脉动程度远（　　）具有相邻偶数柱塞的泵的脉动程度。

A．增加　　B．减少　　C．大于　　D．小于

三、判断题

1．容积式液压泵输油量的大小取决于密封容积的大小。（　　）

2．外啮合齿轮泵中，轮齿不断进入啮合的一侧的油腔是吸油腔。（　　）

3．双作用叶片泵每转一周，每个密封腔就完成二次吸油和压油。（　　）

4．叶片泵对液体污染敏感。（　　）

5．柱塞泵高压、高效率、易变量、维修方便。（　　）

6．改变轴向柱塞泵斜盘的倾斜角度和倾斜方向，则其成为双向变量液压泵。（　　）

四、简答题

1．液压泵正常工作须具备哪四个条件？

2．画出定量泵和变量泵的符号。

3．双作用叶片泵和单作用叶片泵各有什么优缺点？

任务二　液压泵的选用与安装调试

任务介绍

液压泵是液压系统提供一定流量和压力的动力元件，它是每个液压系统不可缺少的核心元件，合理地选择液压泵对于降低液压系统的能耗、提高系统的效率、降低噪声、改善工作性能和保证系统的可靠工作都十分重要。液压泵选型要正确、经济、安全可靠；管道设计走向合理、管道布置合适；安装调试精确、认真，能极大地保证液压系统安全、长周期运行。

任务分析

通过对液压系统中常用液压泵的性能的比较，学习在液压系统中怎样选择合适的液压泵；液压泵安装完成后，必须对泵进行检查、调试，观察泵的工作是否正常。

相关知识

一、液压泵的选用

一般来说，由于各类液压泵的突出的特点，其结构、功用和转动方式各不相同，因此应根据不同的使用场合选择合适的液压泵。一般在机床液压系统中，往往选用双作用叶片泵和单作用叶片泵；而在筑路机械、港口机械以及小型工程机械中往往选择抗污染能力较强的齿轮泵；在负载大、功率大的场合往往选择柱塞泵。

选择液压泵的原则：根据主机工况、功率大小和系统对工作性能的要求，首先确定液压泵的类型，然后按系统所要求的压力、流量大小确定其规格型号。表 3-1 列出了液压系统中常用液压泵的主要性能。

表 3-1　液压系统中常用液压泵的性能比较

性能	外啮合齿轮泵	双作用叶片泵	单作用叶片泵	轴向柱塞泵
输出压力	低压	中压	中压	高压
流量调节	不能	不能	能	能
效率	低	较高	较高	高
输出流量脉动	很大	很小	一般	一般
自吸特性	好	较差	较差	差
对油的污染敏感性	不敏感	较敏感	较敏感	很敏感
噪声	大	小	较大	大

二、液压泵的安装与调试

（一）液压泵的安装

1. 泵的轴线与电动机的轴线应保持一定的同轴度

对于齿轮泵，泵的转动轴与电动机输出轴之间采用弹性联轴节，其不同轴度不得大于 0.1mm，采用轴套式联轴节的不同轴度不得大于 0.05mm；对于叶片泵，一般要求不同轴度不得大于 0.1mm，且与电动机之间应采用挠性连接。

2. 过滤器的安装

液压泵吸油口的过滤器应根据设备的精度要求而定。为避免泵抽空，严禁使用精密过滤器。对于齿轮泵的过滤器，精度应不大于 40μm，在吸油口常用网式过滤器。对于叶片泵、柱塞泵使用的过滤器，精度大多为 25～30μm。吸油口过滤器的正确选择和安装，会使液压故障明显减少，各元件的使用寿命可大大延长。

3. 配管的安装要求

为降低流体噪声，避免出现空穴现象和液压冲击而产生噪声、振动和发热，泵的配管安装要正确。

（1）进油管的安装高度不得大于 0.5m。进油管必须清洗干净，与泵进油口配合的液压泵紧密结合，必要时可加上密封圈，以免空气进入液压系统中。

（2）进油管道的弯头不宜过多，进油管道口应接有过滤器，过滤器不允许漏出油箱的油面。当泵正常运转后，其油面离过滤器顶面至少应有 100mm，以免空气进入，过滤器的有效通油面积一般不低于泵进油口油管的横截面积的 50 倍，并且过滤器应经常清洗，以免堵塞。

（3）吸入管、压出管和回油管的通径不应小于规定值。

（4）泵的回油管用来将泵内漏出的油排回油箱，同时起冷却和排污的作用。通常泵壳体内回油压力不得大于 0.05MPa。因此，泵的泄漏回油管不宜与液压系统其他回油管连在一起，以免系统压力冲击波传入泵壳体内，破坏泵的正常工作或使泵壳体内缺润滑油，形成干摩擦，烧坏元件。应将泵的泄漏回油管单独通入油箱，并插入油箱液面以下，以防止空气进入液压系统。

（5）为了防止泵的振动和噪声沿管道传至系统引起振动、噪声，在泵的吸入口和压出口可各安装一段软管，但压出口软管应垂直安装，长度不应超过 400～600mm，吸入口软管要有一定的强度，避免由于管内有真空度而使其出现变扁现象。

（二）液压泵的调试

（1）用手转动联轴节，应感轻快，受力均匀，以识别泵的安装是否正常。

（2）检查泵的旋转方向应与泵体上标牌所指示的方向相符合，不得接反。

（3）检查液压系统有没有卸荷回路，能否造成满载起动和停车，以至降低泵的使用寿命，并使电动机过载。

（4）检查系统中的安全阀是否在调定的许可压力上。

（5）泵首次试车前，应在排油口灌满油液，使泵内有油，以免泵起动时由于摩擦损坏元件，同时将安全阀打开。

（6）泵在工作前应进行不少于 10min 的空负荷运转，检查泵的运转声音是否正常和液流的方向是否正确。如果正常，则可进行带负荷试车。首先进行低负荷运转，将溢流阀的压力调整到 2.0MPa 以下转动 10～15min，检查系统的动作、外泄漏、噪声、温升等是否正常。如果一切正常，可将溢流阀的压力调整至液压系统的安全保护压力，再使液压系统卸荷。若不正常，则查找原因，再做调试和试车，直到泵正常工作为止。

任务实施

YB₁双作用叶片泵的拆装

一、YB₁双作用叶片泵的结构

如图 3-10 所示为 YB_1 型双作用叶片泵结构。泵体分为前泵体 7 和后泵体 1。泵体内安装有左配流盘 2、右配流盘 6、定子 4、转子 3、叶片 5。为使用与装修方便，将泵体内元件用两个紧固螺钉 13 连为一个整体部件。用螺钉头部作定位销与后泵体定位孔相互定位，保证吸、压油窗口与定子内表面过渡曲线相对位置准确无误。从图上也看出，吸油口开在后泵体上，压油口开在前泵体上。传动轴 9 与转子内花键相连，并依靠两个滚动轴承 11、12 支承一起转动。转子上开有叶片槽 12 或 16 条，叶片在槽内可自由滑动。10 是密封圈，用以防止油的泄漏和空气、灰尘的侵入。

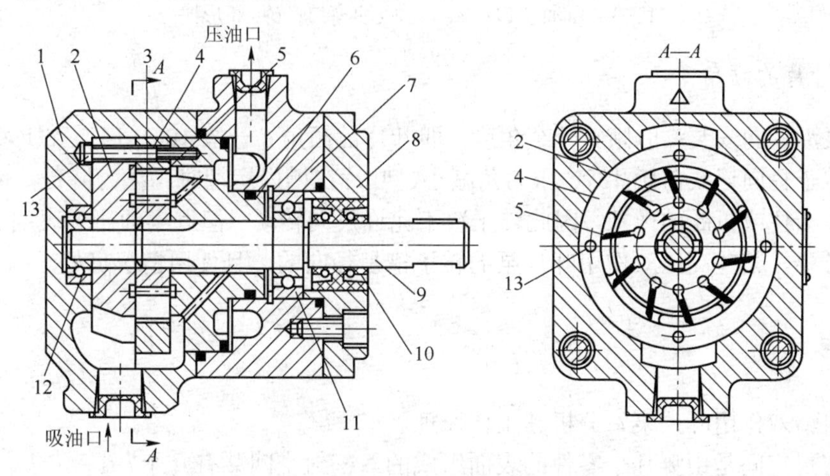

图 3-10 YB_1 型双作用叶片泵结构图

1—后泵体；2—左配油盘；6—右配油盘；3—转子；4—定子；5—叶片；7—前泵体；8—端盖；9—传动轴；10—密封圈；11、12—滚动轴承；13—紧固螺钉

（一）配油盘

叶片泵也存在困油现象，为此在配油盘的左、右配油盘腰形孔端部开有截面形状为三角形的三角槽，如图 3-11 所示，以消除困油现象。

（二）定子曲线

定子曲线是由四段圆弧和四段过渡曲线组成的。过渡曲线用以保证叶片贴紧在定子内表面上，保证叶片在转子槽中径向运动时速度和加速度的变化均匀，使叶片对定子内表面的冲击尽可能小。

过渡曲线如采用阿基米德螺旋线，则叶片泵的流量理论上没有脉动，可是叶片在大、小圆弧和过渡曲线的连接点处产生很大的径向加速度，对定子产生冲击，造成连接点处严重磨损，并发生噪声。在连接点处用小圆弧进行修正，可以改善这种情况，在较为新式的泵中采用“等加速—等减速”曲线。

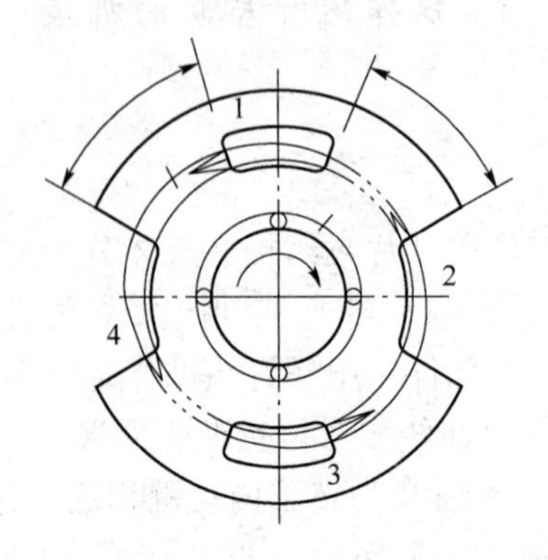

图 3-11 配油盘

1、3—压油窗口；2、4—吸油窗口；c—环形槽

（三）叶片的倾角

叶片泵沿径向安装，但倾斜一个角度，即叶片前倾角 θ 一般 10°～14°。YB_1 型叶片泵叶片相对于转子径向连线前倾 13°。压力角减小，叶片在槽内运动时摩擦力降低，磨损减小，可消除叶片卡住或折断的现象，因此转子决不允许反向转动。但近年的研究表明，叶片倾角并非完全必要，某些高压双作用叶片泵的转子槽是径向的，且使用情况良好。

二、分析题

（1）何谓双作用叶片泵？分析其工作原理。

（2）密封空间是由哪几个零件的表面组成的？密封空间共有几个？

（3）定子 4 的内圆表面由哪几种曲线组成？用这几种曲线组成的内表面有何特点？

（4）转子上有多少个叶片槽？叶片与叶片槽的配合间隙有多大？

（5）配油盘除开有配油窗口外，还开有与排油腔相通的环形槽 c，试分析环形槽 c 的作用。

（6）装配时如何保证配油盘吸、排油窗口位置与定子内表面曲线相一致？

提示：叶片泵的转子 3 与其两侧的配油盘 2 和 6 由紧固螺钉 13 连接与定位，紧固螺钉固定在后泵体 1 内，故能保证配油盘上吸油、排油窗口位置和定子内表面曲线相一致。后泵体 1 相对于前泵体 7 可以在 90° 范围内任意回转安装，以便于用户选择合适的吸油口和排油口位置。

（7）观察配油盘的结构及进、排油方式。

（8）此泵是否有专门的泄漏油口？为什么？

（9）与齿轮泵相比较，叶片泵有何特点？其主要优缺点是什么？

（10）了解一台叶片泵的拆装全过程。

归纳总结

本任务主要阐述了根据各类液压泵的性能和使用范围，合理选择液压泵，并掌握如何正确安装及调试液压泵。

练　　习

选择题

1．高压系统宜采用（　　）。

A．外啮合齿轮泵　B．轴向柱塞泵　C．叶片泵　D．内啮合齿轮泵

2．液压泵的选择首先是确定（　　）。

A．价格　B．额定压力　C．输油量　D．类型

3．工作环境较差、工作压力较高时采用（　　）。

A．高压叶片泵　B．柱塞泵　C．高压齿轮泵　D．变量叶片泵

4．通常齿轮泵的吸油管应比压油管（　　）些。

A．粗　B．细　C．长　D．短

项目四　液压执行元件的选用

液压执行元件包括液压泵和液压马达，其功能是将液体的压力能转变为机械能输出，驱动工作机构做功。二者的不同在于液压马达是实现连续的旋转运动，输出转矩和转速；液压缸是实现往复直线运动，输出力和速度。本章主要介绍各类液压缸和液压马达的性能参数、结构特点和在系统中的应用等。

- 掌握液压缸的类型、结构特点及工作原理。
- 掌握液压马达的类型、结构特点及工作原理。
- 了解液压缸的输出推力和速度的计算方法。

- 掌握各种类型液压缸的工作原理。
- 差动连接。

- 液压缸的输出推力和速度计算公式。

任务一　液压缸的选用

液压缸是液压传动系统的执行元件，它是将油液的压力能转换成机械能，实现往复直线运动或摆动的能量转换装置。液压缸结构简单，制造容易，用来实现直线往复运动尤其方便，应用范围广泛。

任务分析

本任务阐述了液压缸的结构类型、工作原理及适用场合，介绍了液压缸不同进油方式的力与速度的计算。利用拆装实验，了解液压缸的结构。

相关知识

一、液压缸的分类

液压缸按结构形式的不同，可分为活塞式、柱塞式、摆动式、伸缩式等形式。液压缸分类名称、符号和说明如表 4-1 所示。

表 4-1 液压缸分类名称、符号和说明

分类	名称	图形符号	说明
单作用液压缸	单活塞杆液压缸		活塞仅单向液压驱动，返回行程是利用自重或负载将活塞推回
	双活塞杆液压缸		活塞的两侧都装有活塞杆，但只向活塞一侧供给压力油，返回行程通常利用弹簧力、重力或外力
	柱塞式液压缸		柱塞仅单向液压驱动，返回行程通常是利用自重或负载将柱塞推回
	伸缩液压缸		柱塞为多段套筒形式，它以短缸获得长行程，用压力油从大到小逐节推出，靠外力由小到大逐节缩回
双作用液压缸	单活塞杆液压缸		单边有活塞杆，双向液压驱动，双向推力和速度不等
	双活塞杆液压缸		双边有活塞杆，双向液压驱动，可实现等速往复运动
	伸缩液压缸		套筒活塞可双向液压驱动，由大到小逐节推出，由小到大逐节缩回
组合液压缸	弹簧复位液压缸		单向液压驱动，由弹簧力复位
	增压缸（增压器）	A B	由大小两液压缸串联而成，由低压大缸 A 驱动，使小缸 B 获得高压油源
	齿条传动液压缸		活塞的往复运动经装在一起的齿条驱动齿轮获得往复回转运动
摆动液压缸			输出轴直接输出转矩，往复回转角小于 360°

二、液压缸的特点

（一）活塞式液压缸

活塞式液压缸有双杆式、单杆式和无杆活塞式三种。按其安装方式的不同，又有缸筒固定式（缸固定式）和活塞杆固定式（杆固定式）两种。

1. 双杆活塞式液压缸

双杆活塞式液压缸是活塞两端都带有活塞杆的液压缸。

如图 4-1 所示为双杆活塞式液压缸的工作原理图，活塞两侧都有活塞杆伸出。当两活塞杆直径相同，供油压力和流量不变时，活塞式液压缸在两个方向上的运动速度和推力都相等。这种液压缸常用于要求往返运动速度相同的场合。

如图 4-1（a）所示为缸体固定式结构，当液压缸的左腔进油，推动活塞向右移动，右腔活塞杆向外伸出，左腔活塞杆向内缩进，液压缸右腔油液回油箱；反之，活塞反向运动。如图 4-1（b）为活塞杆固定式结构，当液压缸的左腔进油时，推动缸体向左移动，右腔回油；反之，当液压缸的右腔进油时，缸体则向右运动。这类液压缸常用于中、小型设备中。

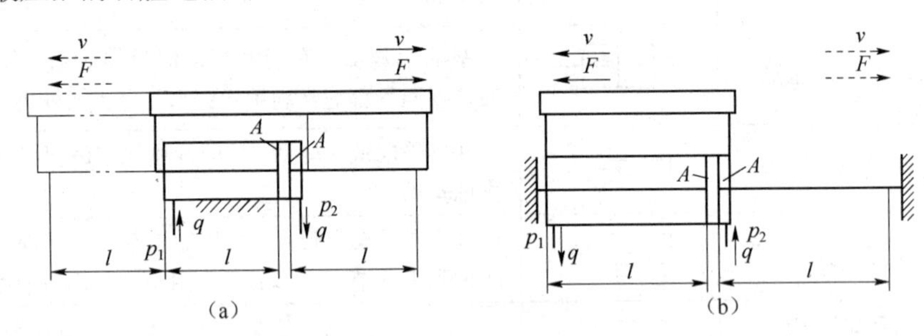

图 4-1　双杆活塞式液压缸

（a）缸体固定式；（b）活塞杆固定式

2. 单杆活塞式液压缸

图 4-2 所示为双作用单杆活塞式液压缸，活塞杆只从液压缸的一端伸出，液压缸的活塞在两腔有效作用面积不相等，当向液压缸两腔分别供油，且压力和流量都不变时，活塞在两个力方向上的运动速度和推力都不相等。

（1）无杆腔进油、有杆腔回油。如图 4-2（a）所示，活塞的运动速度 v_1 和推力 F_1 分别为

$$v_1 = \frac{q}{A_1}\eta_v = \frac{4q\eta_y}{\pi D^2} \tag{4-1}$$

$$F_1 = (p_1A_1 - p_2A_2)\eta_m = \frac{\pi}{4}[D^2p_1 - (D^2 - d^2)p_2]\eta_m \tag{4-2}$$

（2）有杆腔进油、无杆腔回油。如图 4-2（b）所示，活塞的运动速度 v_2 和推力 F_2 分别

为

$$v_2 = \frac{q}{A_2}\eta_v = \frac{4q\eta_v}{\pi(D^2 + d^2)} \tag{4-3}$$

$$F_2 = (p_2A_2 - p_1A_1)\eta_m = \frac{\pi}{4}[(D^2 - d^2)p_1 - D^2p_2]\eta_m \tag{4-4}$$

比较上述各式，可以看出：$v_2 > v_1$，$F_1 > F_2$。

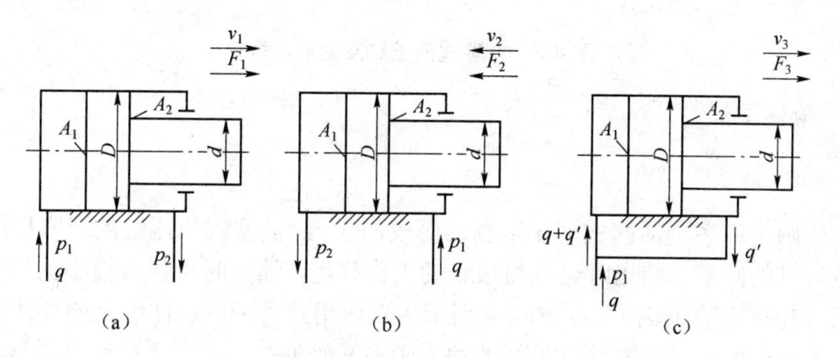

图 4-2　单杆活塞式液压缸

（3）差动连接。如图 4-2（c）所示，当单杆活塞缸两腔同时通入压力油时，由于无杆腔有效作用面积大于有杆腔的有效作用面积，使得活塞向右的作用力大于向左的作用力，因此，活塞向右运动，活塞杆向外伸出；与此同时，又将有杆腔的油液挤出，使其流进无杆腔，从而加快了活塞杆的伸出速度，单杆活塞式液压缸的这种连接方式称为差动连接。液压缸差动连接时，活塞的运动速度 v_3 和推力 F_3 分别为

$$v_3 = \frac{q}{A_1 - A_2}\eta_v = \frac{4q\eta_v}{\pi d^2} \tag{4-5}$$

$$F_3 = p_1(A_1 - A_2)\eta_m = \frac{\pi}{4}d^2p_1\eta_m \tag{4-6}$$

差动连接是实现快速运动的有效方法。这种连接方式广泛应用于组合机床的液压动力系统和其他机械设备的快速运动中。如果要求机床往返快速且速度相等时，则由式（4-3）和式（4-5）得：

$$\frac{4q}{\pi(D^2 - d^2)} = \frac{4q}{\pi d^2}$$

即

$$D = \sqrt{2}d \tag{4-7}$$

（二）柱塞缸

如图 4-3（a）所示为柱塞缸，它只能实现一个方向的液压传动，反向运动要靠外力。若需要实现双向运动，则必须成对使用。如图 4-3（b）所示，这种液压缸中的柱塞和缸筒不接触，运动时由缸盖上的导向套来导向，因此缸筒的内壁不需精加工。它特别适用于行程较长的场合。

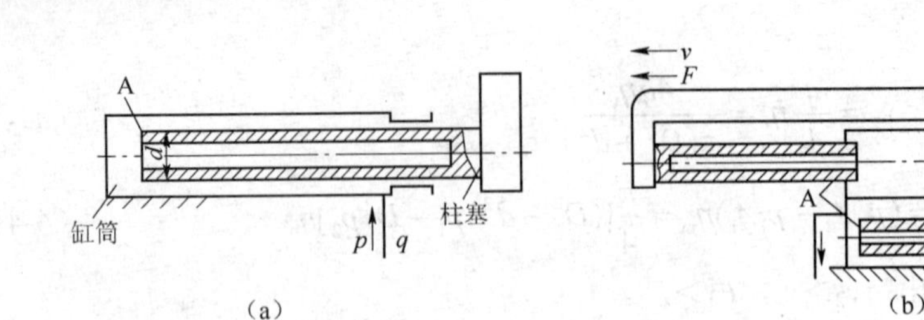

图 4-3　柱塞式液压缸及图形符号

（三）其他液压缸

1. 伸缩缸

伸缩缸由两个或多个活塞式液压缸套装而成，前一级活塞式液压缸的活塞杆内孔是后一级活塞式液压缸的缸筒，伸出时可获得很长的工作行程，缩回时可保持很小的结构尺寸。伸缩缸广泛用于起重运输车辆上。如图 4-4 所示为双作用式伸缩缸。伸缩缸的外伸动作是逐级进行的。首先是最大直径的缸筒以最低的油液压力开始外伸，当到达行程终点后，稍小直径的缸筒开始外伸，直径最小的末级最后伸出。随着工作级数变大，外伸缸筒直径越来越小，工作油液压力随之升高，工作速度变快。

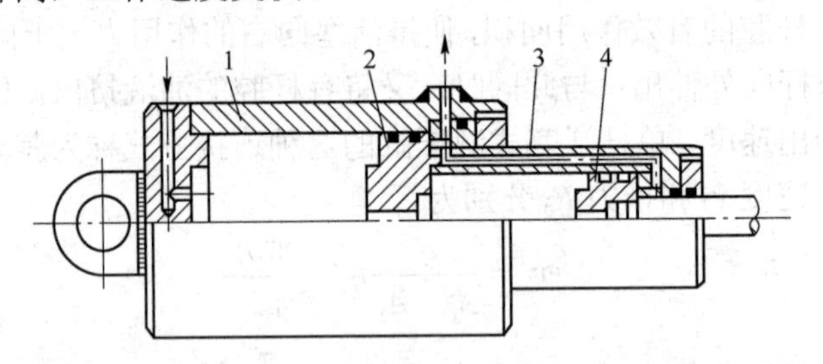

图 4-4　双作用式伸缩缸

1—一级缸筒；2—一级活塞；3—二级缸筒；4—二级活塞

2. 增压缸

增压缸又称增压器。它能将输入的低压转变为高压供液压系统中的高压支路使用。它有两个直径分别为 D_1 和 D_2 的压力缸筒和固定在同一根活塞杆上的两个活塞构成，其工作原理如图 4-5 所示。设缸的入口压力为 p_1，出口压力为 p_2，若不计摩擦力，根据力平衡关系可有如下等式：

$$p_1A_1 = p_2A_2$$

整理得：

$$p_2 = p_1\frac{A_1}{A_2} = p_1\left(\frac{D_1}{D_2}\right)^2$$

式中　$\frac{D_1}{D_2}$——增压比。

由式可知，当 $D_1 = 2D_2$ 时，$p_2 = 4p_1$，即压力可增大 4 倍。

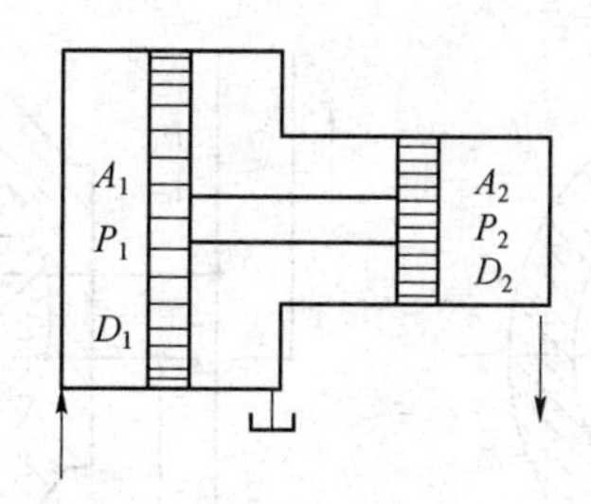

图 4-5　增压缸工作原理图

3. 齿条活塞缸

齿条活塞缸（图 4-6）可将活塞的直线往复运动转变为齿轮轴的往复摆动。通过调节缸体 6 两端盖上的螺钉即可调节摆动角度的大小。

齿条活塞缸常用于机械手、回转工作台、回转夹具、磨床进给系统等需要转位机构的液压系统中。

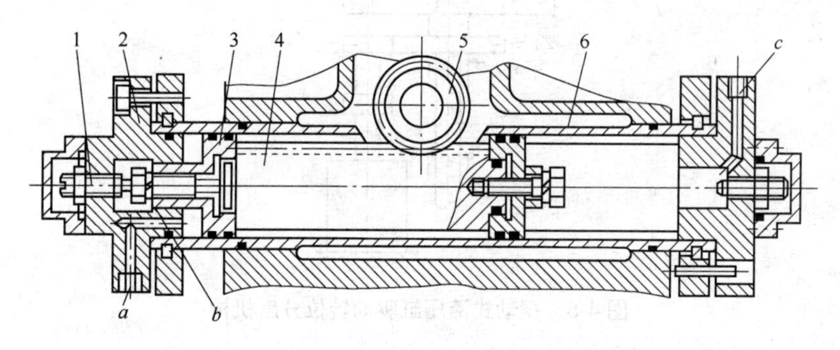

图 4-6　齿条活塞缸

1—调节螺钉；2—端盖；3—活塞；4—齿条活塞杆；5—齿轮；6—缸体

4. 摆动液压缸

摆动液压缸是一种输出转矩和角速度（转速），并实现往复摆动的液压执行元件。它常有单叶片式和双叶片式两种结构形式，如图 4-7 所示。定子块 1 固定在缸体 2 上，叶片 4 和摆动轴 3 固连在一起，当两油口相继通以压力油时，叶片即带动摆动轴做往复摆动。

单叶片摆动液压缸的摆角一般不超过 280°，双叶片摆动液压缸的摆角一般不超过 150。

摆动液压缸一般用于机床和工夹具的夹紧装置、送料装置、转位装置、周期性进给机构等中低压系统及工程机械。如图 4-8 所示是用摆动式液压缸驱动转位分度机构的示意图。当压力油进入摆动式液压缸 2 的一个工作腔时，推动叶片使轴 3 旋转，经超越离合器 4 使齿轮 Z_A、Z_B 旋转，带动转台 5 转位。转位结束后，定位器定位，转台固定。此时压力油进入摆动液压缸 2 的另一工作腔，会使轴 3 反转，摆动式液压缸 2 复位。而由于超越离合器 4 的作用，此时轴 3 不会带动齿轮 Z_A、Z_B 旋转，转台不回转。摆动式液压缸结构紧凑，输出转矩大，但密封性较差。

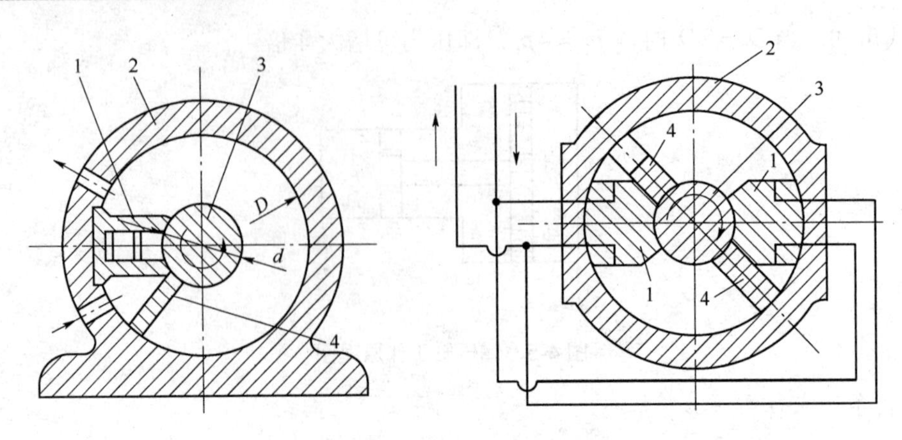

图 4-7　单叶片摆动液压缸

1—定子块；2—缸体；3—摆动轴；4—叶片

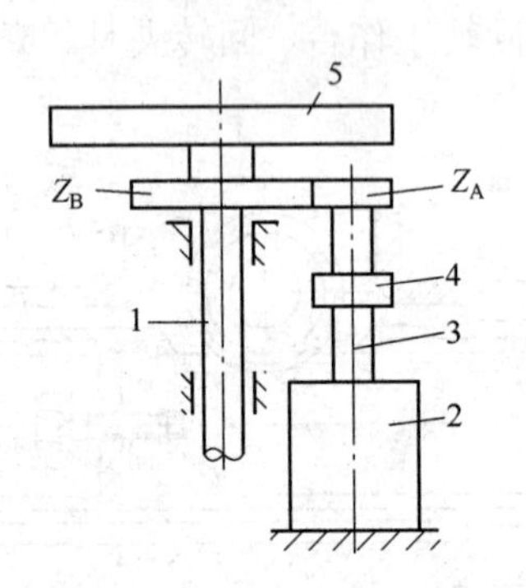

图 4-8　摆动式液压缸驱动转位分度机构

1—主轴；2—单叶片摆动式液压缸；3—轴；4—超越离合器；5—转台

双作用单杆活塞式液压缸的拆装

一、双作用单杆活塞式液压缸的结构

如图 4-9 所示为一个较常用的双作用单杆活塞式液压缸。缸筒一端与缸底焊接，另一端缸盖（导向套）与缸筒用卡键 6、套 5 和弹簧挡圈 4 固定，以便拆装检修，两端设有油口 A 和 B。活塞 11 与活塞杆 18 利用卡键 15、卡键帽 16 和弹簧挡圈 17 连在一起。活塞与缸孔的密封采用的是一对 Y 形聚氨酯密封圈 12，由于活塞与缸孔有一定间隙，采用耐磨环（又叫支承环）13 定心导向。活塞杆 18 和活塞 11 的内孔由 O 形密封圈 14 密封。较长的导向套 9 则可保证活塞杆不偏离中心，导向套外径由 O 形密封圈 7 密封，而其内孔则由 Y 形密封圈 8 和防尘圈 3 分别防止油外漏和灰尘带入缸内。缸和杆端销孔与外界连接，销孔内有尼龙衬套抗磨。

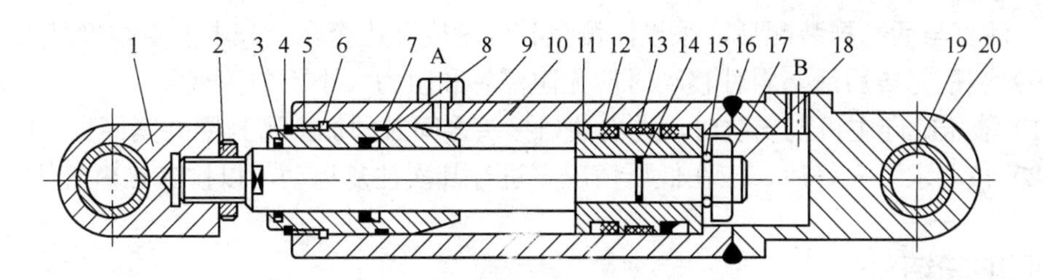

图 4-9　双作用单杆活塞式液压缸

1—耳环；2—螺母；3—防尘圈；4、17—弹簧挡圈；5—套；6、15—卡键；7、14—O 形密封圈；8、12—Y 形聚氨酯密封圈；9—缸盖兼导向套；10—缸筒；11—活塞；13—耐磨环；16—卡键帽；18—活塞杆；19—衬套；20—缸底

二、液压缸的拆卸注意事项

（1）拆卸液压缸之前，应使液压回路卸压。否则，当把与液压缸相连接的油管接头拧松时，回路中的高压油就会迅速喷出。液压回路卸压时应先拧松溢流阀等处的手轮或调压螺钉，使压力油卸荷，然后切断电源或切断动力源，使液压装置停止运转。

（2）拆卸时应防止损伤活塞杆顶端螺纹、油口螺纹和活塞杆表面、缸套内壁等。为了防止活塞杆等细长件弯曲或变形，放置时应用垫木支承均衡。

（3）拆卸时要按顺序进行。由于各种液压缸结构和大小不尽相同，拆卸顺序也稍有不同。一般应放掉液压缸两腔的油液，然后拆卸缸盖，最后拆卸活塞与活塞杆。在拆卸液压缸的缸盖时，对于内卡键式连接的卡键或卡环要使用专用工具，禁止使用扁铲；对于法兰式端盖必须用螺钉顶出，不允许锤击或硬撬。在活塞和活塞杆难以抽出时，不可强行打出，应先查明原因再进行拆卸。

（4）拆卸前后要设法创造条件防止液压缸的零件被周围的灰尘和杂质污染。例如，拆卸时应尽量在干净的环境下进行；拆卸后所有零件要用塑料布盖好，不要用棉布或其他工作用布覆盖。

（5）液压缸拆卸后要认真检查，以确定哪些零件可以继续使用，哪些零件可以修理后再用，哪些零件必须更换。

（6）装配前必须对各零件仔细清洗。

（7）要正确安装各处的密封装置。①安装 O 形密封圈时，不要将其拉到永久变形的程度，也不要边滚动边套装，否则可能因形成扭曲状而漏油。②安装 Y 形和 V 形密封圈时，要注意其安装方向，避免因装反而漏油。对 Y 形密封圈而言，其唇边应对着有压力的油腔；此外，Y 形密封圈还要注意区分是轴用还是孔用，不要装错。V 形密封圈由形状不同的支承环、密封环和压环组成，当压环压紧密封环时，支承环可使密封环产生变形而起密封作用，安装时应将密封环的开口面向压力油腔；调整压环时，应以不漏油为限，不可压得过紧，以防密封阻力过大。③密封装置如与滑动表面配合，装配时应涂以适量的液压油。④拆卸后的 O 形密封圈和防尘圈应全部换新。

（8）螺纹连接件拧紧时应使用专用扳手，扭力矩应符合标准要求。

（9）活塞与活塞杆装配后，须设法测量其同轴度并检查在全长上的直线度是否超差。

（10）装配完毕后活塞组件移动时应无阻滞感和阻力大小不匀等现象。

（11）液压缸向主机上安装时，进出油口接头之间必须加上密封圈并紧固好，以防漏油。

（12）按要求装配好后，应在低压情况下进行几次往复运动，以排除缸内气体。

归纳总结

液压缸用于实现往复直线运动和摆动，是液压系统中广泛应用的一种液压执行元件。液压缸的功用是将液体的压力能转换成直线运动或摆动的机械能，了解并掌握液压缸的种类、性能特点及应用，掌握液压缸的拆装。

练　习

一、填空题

1．液压缸是将________转变为________的一种转换装置，一般用于实现________。

2．缸筒较长时常采用的液压缸形式是________。

二、选择题

1．液压系统的执行元件是（　　）。

A．电动机　　B．液压泵　　C．液压缸或液压马达　　D．液压阀

2．液压缸中应用最广泛的是（　　）。

A．活塞缸　　B．柱塞缸　　C．摆动缸　　D．组合缸

3．某一液压设备中需要一个完成很长工作行程的液压缸，宜采用下述液压缸中的（　　）。

A．单杆活塞式液压缸　　B．双杆活塞式液压缸

C．柱塞缸　　D．伸缩套筒缸

4．将单杆活塞式液压缸的左右两腔接通，同时引入压力油，可以使活塞获得（　　）。

A．慢速移动　　B．停止不动　　C．快速移动

5．一般单杆液压缸在快速缩回时，往往采用（　　）。

A．有杆腔回油，无杆腔进油　　B．差动连接

C．有杆腔进油，无杆腔回油

6．可输出回转运动的液压缸是（　　）。

A．摆动缸　　B．柱塞缸　　C．齿条活塞缸　　D．伸缩缸

三、判断题

1．如果不考虑液压缸的泄漏，液压缸的运动速度只决定于进入液压缸的流量。（　　）

2．利用液压缸差动连接实现快速运动的回路，一般用于空载。（　　）

3．液压传动中，作用在活塞上的推力越大，活塞运动的速度越快。（　　）

4．作用在活塞上的流量越大，活塞运动的速度就越快。（　）

5．缸筒较长时常采用柱塞缸。（　）

6．往返速度一样的差动缸 D=1.414d。（　）

7．双作用式单杆活塞式液压缸的活塞，两个方向所获得的推力不相等：工作台做慢速运动时，活塞获得的推力小；工作台做快速运动时，活塞获得的推力大。（　）

四、简答题

1．什么是差动连接？

2．柱塞缸有何特点？

任务二　液压马达的选用

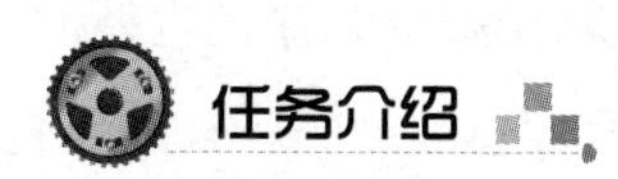

任务介绍

液压马达的功用是将液体的压力能转变为机械能输出，驱动工作机构做功。液压马达用于实现连续的旋转运动，输出转矩和转速。

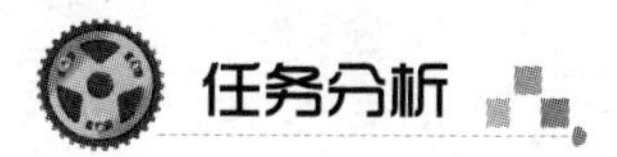

任务分析

本任务阐述液压马达的工作原理、结构特点及选用原则。

相关知识

一、液压马达的分类

液压马达是把液体的压力能转换为机械能的装置。液压马达按其结构类型来分，可以分为齿轮式、叶片式、柱塞式和其他形式，其图形符号如图 4-10 所示。

液压马达按其额定转速分为高速和低速两大类，额定转速高于 500 r/min 的属于高速液压马达，额定转速低于 500 r/min 的属于低速液压马达。

高速液压马达的主要特点是转速较高、转动惯量小，便于起动和制动，调速和换向的灵敏度高。通常高速液压马达的输出转矩不大（仅几十 N•m 到几百 N•m），所以又称为高速小转矩液压马达。

图 4-10　液压马达的图形符号

（a）单向定量马达；（b）单向变量马达；（c）双向定量马达；（d）双向变量马达

低速液压马达的主要特点是排量大、体积大、转速低（有时可达每分种几转甚至零点几转），因此可直接与工作机构连接，不需要减速装置，使传动机构大为简化。通常低速液压马达输出转矩较大（可达几千 N·m 到几万 N·m），所以又称为低速大转矩液压马达。

二、液压马达的工作原理

常用的液压马达的结构与同类型的液压泵很相似，如图 4-11 所示为双作用叶片式液压马达的工作原理。当压力为 p 的油液从进油口进入叶片 1 和 3 之间时，叶片 2 因两面均受液压油的作用所以不产生转矩。叶片 1、3 上，一面作用有压力油，另一面为低压油。由于叶片 3 伸出的面积大于叶片 1 伸出的面积，因此作用于叶片 3 上的总液压力大于作用于叶片 1 上的总液压力，于是压力差使转子产生顺时针的转矩。压力油进入叶片 5 和 7 之间时，叶片 7 伸出的面积大于叶片 5 伸出的面积，也产生顺时针转矩。这样，就把油液的压力能转变成了机械能。当输油方向改变时，液压马达就反转。当定子的长短径差值越大，转子的直径越大，以及输入的压力越高时，叶片式液压马达输出的转矩也越大。

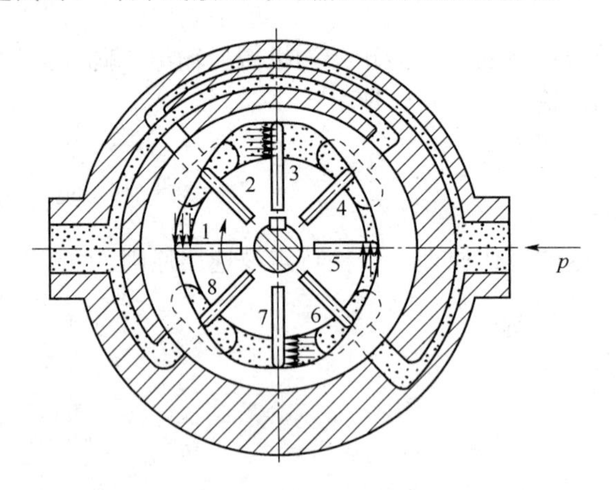

图 4-11　双作用叶片式液压马达的工作原理图

1～8—叶片

叶片式液压马达的体积小，转动惯量小，因此动作灵敏，可适应的换向频率较高。但它泄漏较大，不能在很低的转速下工作。因此，叶片式液压马达一般用于转速高、转矩小和动作灵敏的场合。

三、液压马达的选用

选择液压马达时，应根据液压系统所确定的压力、排量、设备结构尺寸、使用要求、工作环境等合理选定液压马达的具体类型和规格。

若工作机构速度高、负载小，宜选用齿轮式液压马达或叶片式液压马达；速度平稳性要求高时，选用双作用叶片式液压马达；当负载较大时，则宜选用轴向柱塞式液压马达。若工作机构速度低、负载大，则有两种方案选择：一种是用高速小转矩马达，配合减速装置来驱动工作机构；一种是选用低速大转矩马达，直接驱动工作机构，到底选用哪种方案，要经过技术经济比较才能确定。常用液压马达的性能比较见表 4-2。

表 4-2　常用液压马达性能比较

类型	压力	排量	转速	转矩	性能及适用工况
齿轮式液压马达	中低	小	高	小	结构简单，价格低，抗污染性好，效率低，用于负载转矩不大，速度平稳性要求不高，噪声限制不大及环境粉尘较大的场合
叶片式液压马达	中	小	高	小	结构简单，噪声和流量脉动小，适于负载转矩不大，速度平稳性和噪声要求较高的场合
轴向柱塞式液压马达	高	小	高	较大	结构复杂，价格高，抗污染性差，效率高，可变量，用于高速运转，负载较大，速度平稳性要求较高的场合
曲柄连杆式径向柱塞液压马达	高	大	低	大	结构复杂，价格高，低速稳定性和起动性能较差，适用于负载转矩大，速度低（5～10r/min），对运动平稳性要求不高的场合
静力平衡液压马达	高	大	低	大	结构复杂，价格高，尺寸比曲柄连杆式径向柱塞液压马达小，适用于负载转矩大，速度低（5～10r/min），对运动平稳性要求不高的场合
内曲线径向柱塞式液压马达	高	大	低	大	结构复杂，价格高，径向尺寸较大，低速稳定性和起动性能好，适用于负载转矩大，速度低（0～40r/min），对运动平稳性要求高的场合，用于直接驱动工作机构

归纳总结

液压马达的工作原理及合理选定液压马达的具体类型和规格。

拓展提高

液压泵与液压马达的比较

液压马达是把液体的压力能转换为机械能的装置，从原理上讲，液压泵可以作液压马达用，液压马达也可作液压泵用。但事实上同类型的液压泵和液压马达虽然在结构上相似，但由于两者的工作情况不同，使得两者在结构上也有某些差异。例如：

（1）液压马达一般需要正反转，所以在内部结构上应具有对称性；而液压泵一般是单方向旋转的，没有这一要求。

（2）为了减小吸油阻力，减小径向力，一般液压泵的吸油口比出油口的尺寸大；而液压马达低压腔的压力稍高于大气压力，所以没有上述要求。

（3）液压马达要求能在很宽的转速范围内正常工作，因此，应采用液动轴承或静压轴承。因为当液压马达速度很低时，若采用动压轴承，就不易形成润滑膜。

（4）叶片泵依靠叶片跟转子一起高速旋转而产生的离心力使叶片始终贴紧定子的内表面，起油封作用，形成工作腔。若将其当液压马达用，必须在液压马达的叶片根部装上弹簧，以保证叶片始终贴紧定子内表面，以便液压马达能正常起动。

（5）液压泵在结构上需保证具有自吸能力，而液压马达就没有这一要求。

（6）液压马达必须具有较大的起动转矩。所谓起动转矩，就是马达由静止状态起动时，马达轴上所能输出的转矩。

由于液压马达与液压泵具有上述不同的特点，使得很多类型的液压马达和液压泵不能互逆使用。

一、填空题

1．液压马达中，________为高速马达，________为低速马达。

2．在叶片马达中，叶片的安置方向________。

二、简答题

1．液压马达有哪些类型？

2．液压马达的工作原理是什么？

3．液压马达与液压泵在结构上有何区别？

项目五　液压阀及液压控制回路的构建

- 掌握方向控制阀、压力阀和流量阀的工作原理，功用及应用。
- 掌握方向控制回路、压力控制回路、速度控制回路、多缸动作回路的工作原理。

- 压力阀中的先导式溢流阀、减压阀的结构、工作原理及应用。
- 流量阀中的普通节流阀、调速阀的结构、工作原理及应用。
- 方向按钮阀中滑阀式电磁阀、机动换向阀的结构、工作原理及应用。

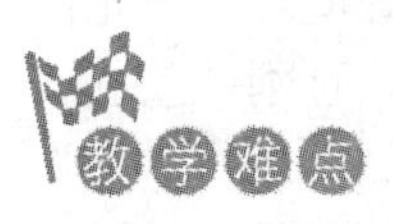

- 换向阀的换向原理和滑阀机能。
- 先导式溢流阀工作原理。

任务一 方向控制阀及方向控制回路的构建

任务介绍

液压控制阀是液压传动系统中的控制调节元件，它控制或调节油液流动的方向、压力或流量，以满足执行元件所需要的运动方向、力（或力矩）和速度的要求，使整个液压系统能按要求协调地进行工作。由于调节的工作介质是液体，因此统称为阀。液压阀性能的优劣，工作是否可靠，对整个液压系统能否正常工作将产生直接影响。

本任务通过亚龙 YL-381A 型 PLC 控制的液压实训台实验，熟悉方向控制阀的分类，单向阀的结构原理及应用；掌握手动换向阀、电磁换向阀、机动换向阀和液动换向阀的结构原

理和图形符号，通过图形符号识别换向阀的位、通、操纵方式、中位机能；掌握方向控制回路的组成、工作原理和性能、分析方法、功能及在实际液压系统中的应用。

相关知识

一、液压控制阀的概述

（一）液压控制阀的分类

1. 按功用分类

液压阀是用来控制液压系统中油液的流动方向或调节其压力和流量的，因此它可分为方向控制阀（如单向阀、换向阀）、压力控制阀（如溢流阀、减压阀、顺序阀、压力继电器）和流量控制阀（如节流阀、调速阀）三大类。在实际应用中这三类阀并不仅仅单独使用，还可根据需要组合为组合阀。如单向顺序阀、单向节流阀等，可实现两种以上的控制功能。

2. 按操纵方式分类

按操纵方式分为手动、机动、电磁、液压操纵等多种形式。

3. 按安装连接形式分类

（1）螺纹（管式）连接：管式连接阀的油口为螺纹孔，用螺纹管接头与管道及其他元件连接。这种连接方式结构简单、制造方便、质量轻，但拆卸不便，布置分散，且刚性差，仅适用于简单系统。

（2）板式连接：板式连接阀的各油口均布置在同一安装平面上，油口不加工螺纹。用螺钉将其固定在有对应油口的连接板上，再通过板上的螺纹孔与管道或其他元件连接。这种连接方式的优点：更换元件方便，不影响管路，并且有可能将阀集中布置。

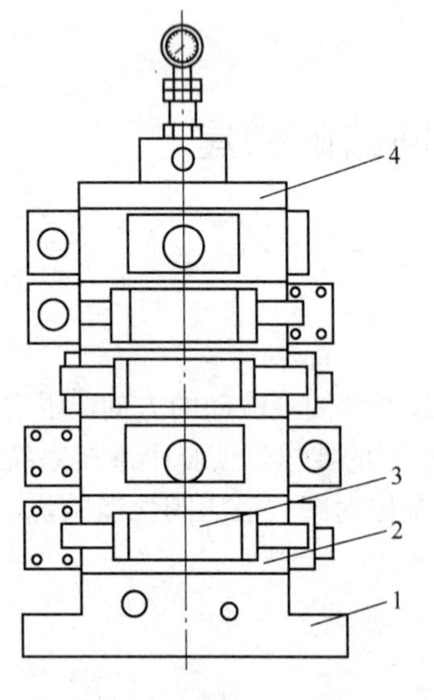

图 5-1　集成块式液压装置

1—底板；2—集成块；3—阀；4—盖板

（3）集成块连接：集成块是一个正六面连接体，将板式阀用螺钉固定在集成块的三个侧面上，通常三个侧面各装一个阀，剩余的一个侧面则安装油管，连接执行元件。集成块的上、下面是块与块的接合面，在各集成块的接合面上同一坐标位置的垂直方向钻有公共通油孔：压力油孔 P、回油孔 T、泄漏油孔 L 以及安装螺栓孔，有时还有测压油路孔。在集成块内打孔，沟通各阀组成回路。根据各种液压系统的不同要求，如图 5-1 所示，即可构成整个集成块式液压装置。这种集成方式的优点是：结构紧凑，占地面积小，便于装卸和维修，因而得到广泛应用。但它也有设计工作量大，加工复杂，不能随意修改系统等缺点。

（4）法兰连接：阀的油口上加工出法兰，通过法兰与管连接，用于通径 32mm 以上的大流量系统。这种连

接方式连接可靠、强度高，但尺寸大，拆卸困难。

（二）液压控制阀的基本参数

1. 公称直径

公称直径决定阀的通流能力大小，对应阀的额定流量。与阀的进出口连接的油管规格应与阀的通径相一致。阀工作时的实际流量应小于或等于它的额定流量，最大不得大于额定流量的 1.1 倍。

2. 额定压力

额定压力是阀在工作时允许的最高压力。

（三）对液压阀的基本要求

（1）动作灵敏，使用可靠，工作时冲击和振动小。
（2）油液流过的压力损失小。
（3）密封性能好。
（4）结构紧凑，安装、调整、使用、维护方便，通用性好。

二、方向控制阀

（一）单向阀

液压系统中常见的单向阀有普通单向阀和液控单向阀两种。

1. 普通单向阀

普通单向阀的功用是使油液只能沿一个方向流动，不能反向倒流。如图 5-2 所示是一种管式普通单向阀的结构及图形符号。压力油从阀体左端的通口 P_1 流入时，克服弹簧 3 作用在阀芯 2 上的力，使阀芯向右移动，打开阀口，并通过阀芯 2 上的径向孔 a、轴向孔 b 从阀体右端的通口流出。但是压力油从阀体右端的通口 P_2 流入时，它和弹簧力一起使阀芯锥面压紧在阀座上，使阀口关闭，油液无法通过。

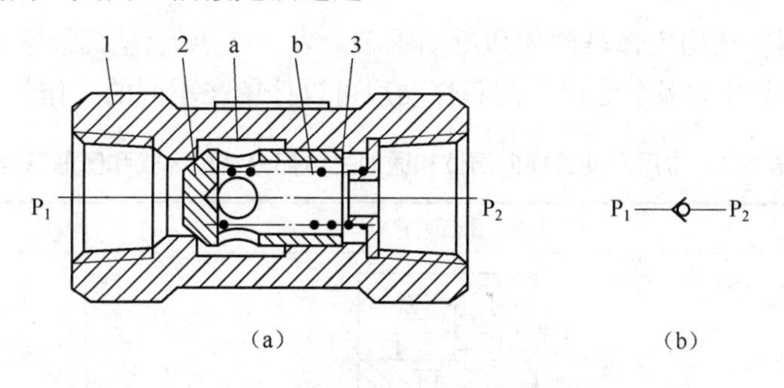

图 5-2　单向阀的结构及图形符号

（a）结构；（b）图形符号

1—阀体；2—阀芯；3—弹簧

2. 液控单向阀

如图 5-3 所示是液控单向阀的结构及图形符号。它的功用是：当控制口 K 处无压力油通入时，它的功用和普通单向阀一样，压力油只能从通口 P_1 流向通口 P_2，不能反向倒流；当控制口 K 有控制压力油时，因控制活塞 1 右侧 a 腔通泄油口，活塞 1 右移，推动顶杆 2 顶开阀芯 3，使通口 P_1 和 P_2 接通，油液就可在两个方向自由通流。

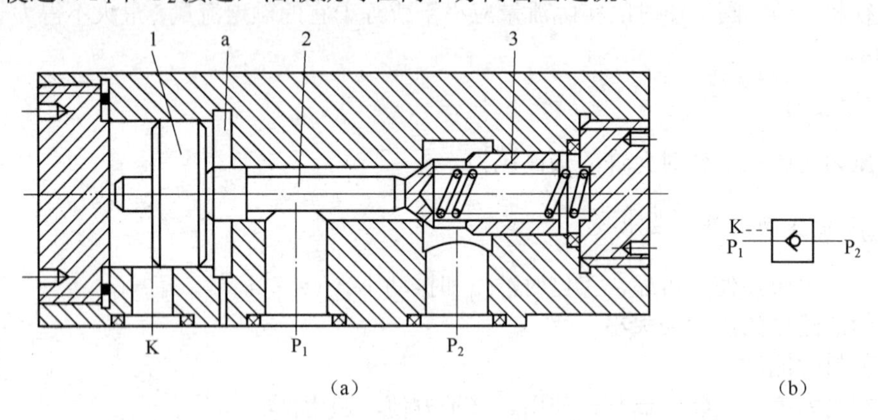

图 5-3 液控单向阀结构及图形符号

（a）结构；（b）图形符号

1—活塞；2—顶杆；3—阀芯

（二）换向阀

换向阀的功用：利用阀芯相对于阀体的相对运动，使油路接通、关断，或变换油流的方向，从而使液压执行元件起动、停止或变换运动方向。

换向阀按阀芯形状分类时，有滑阀式和转阀式两种。滑阀式换向阀在液压系统中远比转阀式用得广泛。

1. 滑阀式换向阀

1）结构主体

滑阀式换向阀的结构主体是阀体和滑动阀芯。表 5-1 所示是其最常见的结构形式。由表 5-1 可见，阀体上开有多个通口，阀芯移动后可以停留在不同的工作位置上。

表 5-1 常用滑动式换向阀位和通的主体部分结构形式和图形符号

名称	结构原理图	图形符号
二位二通	A B	B A

续表

名称	结构原理图	图形符号
二位三通	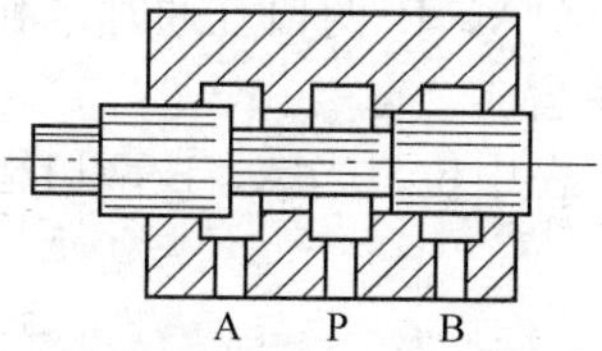 A P B	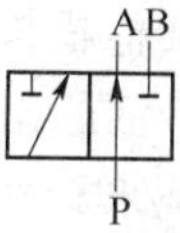 AB P
二位四通	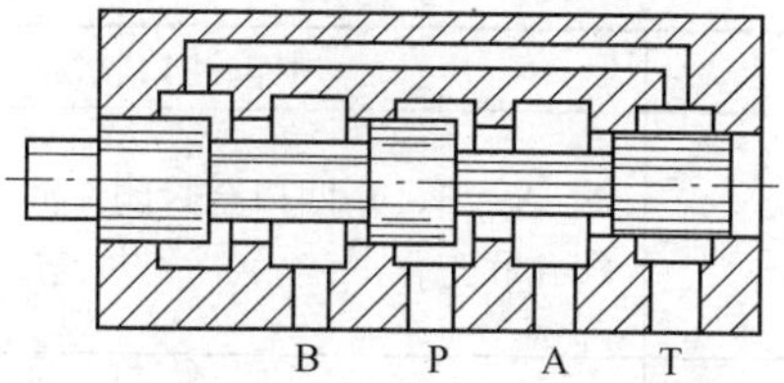 B P A T	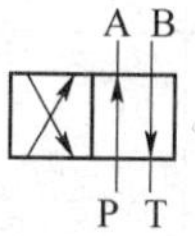 A B P T
三位四通	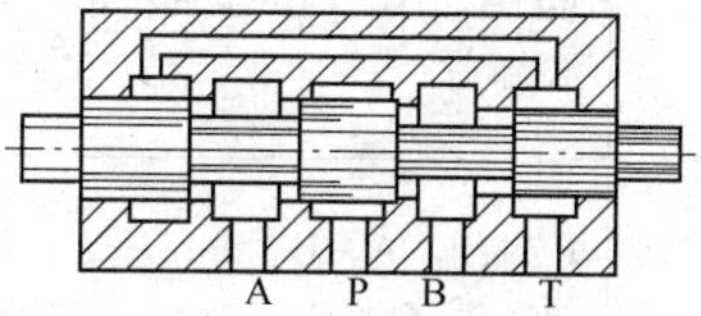 A P B T	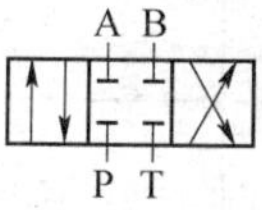 A B P T

2）换向阀的“位”和“通”

“位”和“通”是换向阀的重要概念。不同的“位”和“通”构成了不同类型的换向阀。通常所说的“二位阀”、“三位阀”是指换向阀的阀芯有两个或三个不同的工作位置。所谓“二通阀”、“三通阀”、“四通阀”是指换向阀的阀体上有两个、三个、四个油口，不同油口只能通过阀芯移位时阀口的开关来连通。

表 5-1 中图形符号的含义如下：

（1）用方框表示阀的工作位置，有几个方框就表示有几“位”。

（2）方框内的箭头表示油路处于接通状态，但箭头方向不一定表示液流的实际方向。

（3）方框内符号“┴”或“┬”表示该通路不通。

（4）方框外部连接的油口数有几个，就表示几“通”。

（5）一般情况下，阀与系统供油路连接的进油口用字母 P 表示，阀与系统回油路连接的回油口用 T（有时用 O）表示；而阀与执行元件连接的油口用 A、B 等表示。有时在图形符号上用 L 表示泄油口。

（6）换向阀都有两个或两个以上的工作位置，其中一个为常态位，即阀芯未受到操纵力作用时所处的位置。图形符号中的中位是三位阀的常态位。利用弹簧复位的二位阀则以靠近弹簧的方框内的通路状态为其常态位。绘制系统图时，油路一般应连接在换向阀的常态位上。

3）换向阀的中位机能分析

三位换向阀的阀芯在中间位置时，各油口间有不同的连通方式，可满足不同的使用要求。这种连通方式称为换向阀的中位机能。三位四通换向阀常见的中位机能、型号、符号及其特点，见表 5-2。在分析和选择阀的中位机能时，通常考虑以下几点：

（1）系统保压。当 P 口被堵塞，系统保压，液压泵能用于多缸系统。

（2）系统卸荷。P 口与 T 口接通时，系统卸荷。

（3）液压缸“浮动”，阀在中位，当 A、B 两口互通时，卧式液压缸呈“浮动”状态，可利用其他机构移动工作台，调整其位置。

（4）液压缸在任意位置上停止，阀在中位，当 A、B 两口堵塞时，可使液压缸在任意位置处停下来。

表 5-2　三位四通阀常用的滑阀机能

类型	符号	中位油口状况、特点及应用
O 型	A B P T	P、A、B、T 四口全封闭，液压缸闭锁，可用于多个换向阀并联工作
H 型	A B P T	P、A、B、T 口全通；活塞浮动，在外力作用下可移动，泵卸荷
Y 型	A B P T	P 封闭，A、B、T 口相通；活塞浮动，在外力作用下可移动，泵不卸荷
K 型	A B P T	P、A、T 口相通，B 口封闭；活塞处于闭锁状态，泵卸荷
M 型	A B P T	P、T 口相通，A 与 B 口均封闭；活塞闭锁不动，泵卸荷
P 型	A B P T	P、A、B 口相通，T 口封闭；泵与缸两腔相通，可组成差动回路

2. 转阀

转阀是通过阀芯的旋转运动实现油路启闭和换向的方向控制阀。转阀的操纵方式常用的有手动和机动两种。

如图 5-4 所示是三位四通转阀的工作原理图及图形符号，当阀芯处于图 5-4（a）所示位置时，油口 P、A、B、T 互不相通；当阀芯顺时针方向转过一个角度而处于图 5-4（b）所示的位置时，油口 P 通 B，A 通 T；当阀芯逆时针方向转过一个角度而处于图 5-4（c）所示的位置时，油口 P 通 A，B 通 T。

转阀密封性较差，径向力不易平衡，一般用于压力较低和流量较小的场合。

3. 常用的换向阀

在液压传动系统中广泛采用的是滑阀式换向阀，以下介绍几种换向阀的典型结构。

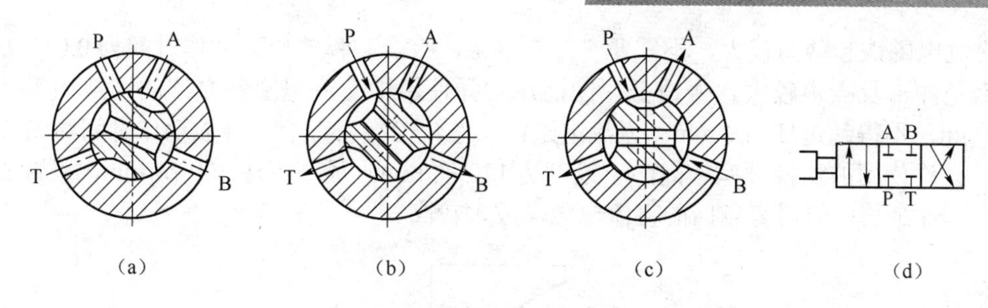

图 5-4　三位四通转阀的工作原理及图形符号

（a）位置 1；（b）位置 2；（c）位置 3；（d）图形符号

1）手动换向阀

如图 5-5 所示为自动复位式手动换向阀，放开手柄 1，阀芯 2 在弹簧 3 的作用下自动回复中位。该阀适用于动作频繁、工作持续时间短的场合，操作比较完全，常用于工程机械的液压传动系统中。

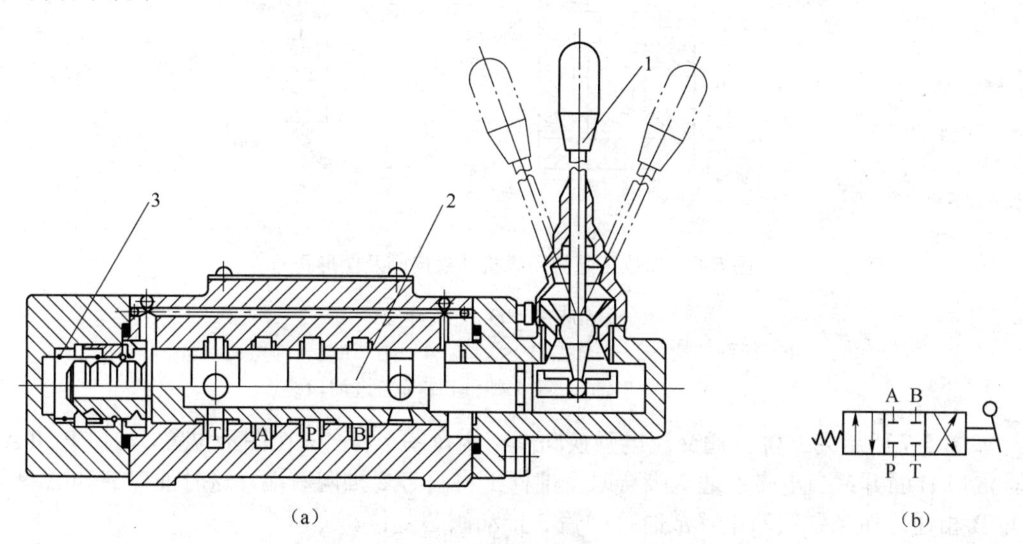

图 5-5　自动复位式手动换向阀及图形符号

（a）结构；（b）图形符号

1—手柄；2—阀芯；3—弹簧

2）机动换向阀

机动换向阀又称行程阀，主要用来控制机械运动部件的行程。它是借助于安装在工作台上的挡铁或凸轮来迫使阀芯移动，从而控制油液的流动方向。机动换向阀通常是二位的，如图 5-6 所示为滚轮式二位三通常闭式机动换向阀结构及图形符号，在图示位置阀芯 4 被弹簧 5 压向上端，油口 P 和 A 通，B 口关闭。当挡铁或凸轮压住滚轮 2，使阀芯 4 移动到下端时，就使油口 P 和 A 断开，P 和 B 接通，A 口关闭。

3）电磁换向阀

电磁换向阀是利用电磁铁的通电吸合与断电释放而直接推动阀芯来控制液流方向的。它是电气系统与液压系统间的信号转换元件。电磁铁按使用电源的不同，可分为交流和直流两种。交流电磁铁起动力较大，不需要专门的电源，吸合、释放快，动作时间为 0.01～0.03s，其缺点是冲击及噪声较大，寿命低，因而在实际使用中交流电磁铁允许的切换频率一般为 10 次/min，不得超过 30 次/min。直流电磁铁工作较可靠，吸合、释放动作时间约为 0.05～0.08s，允许使用的切换频率较高，一般可达 120 次/min，最高可达 300 次/min，且冲击小、体积小、寿命长；但需有专门的直流电源，成本较高。

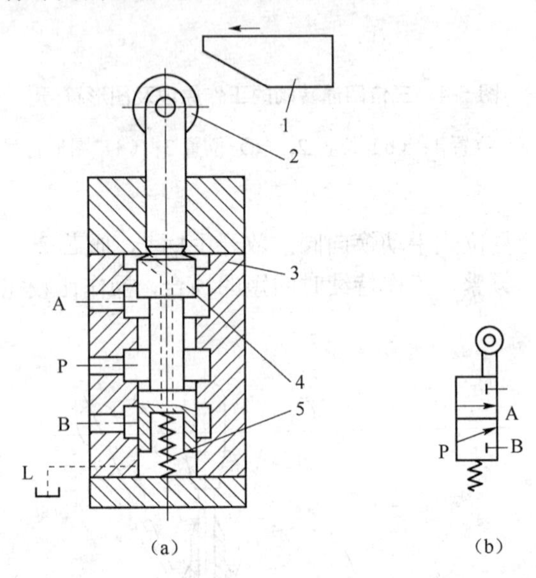

图 5-6　二位三通常闭式机动换向阀及图形符号

（a）结构；（b）图形符号

1—行程挡块；2—滚轮；3—阀体；4—阀芯；5—弹簧；

A、B—出油口；L—泄油口；P—进油口

如图 5-7 所示为二位三通交流电磁换向阀结构及图形符号，在图示位置，油口 P 和 A 相通，油口 B 断开；当电磁铁通电吸合时，推杆 1 将阀芯 2 推向右端，这时油口 P 和 A 断开，而与 B 相通。而当磁铁断电释放时，弹簧 3 推动阀芯复位。

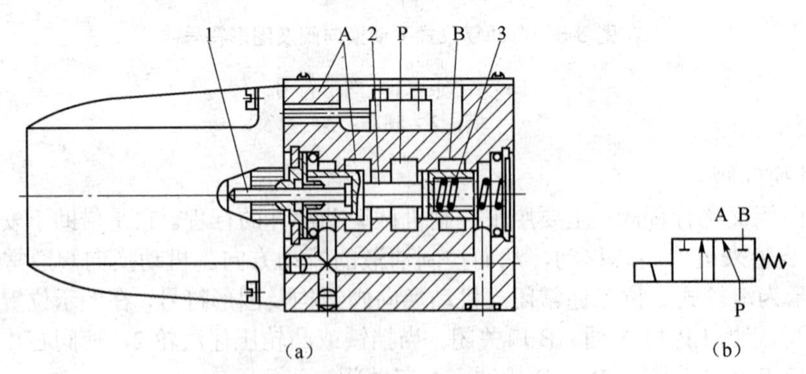

图 5-7　二位三通电磁换向阀及图形符号

（a）结构；（b）图形符号

1—推杆；2—阀芯；3—弹簧

如图 5-8 所示为一种三位四通电磁换向阀的结构和图形符号。

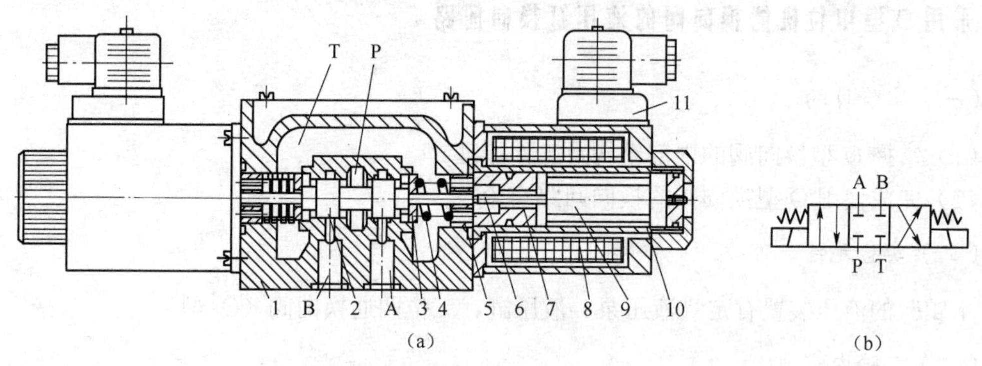

图 5-8　三位四通中位机能 O 型电磁换向阀结构和图形符号

（a）结构；（b）图形符号

1—阀体；2—阀芯；3—定位套；4—对中弹簧；5—挡圈；6—推杆；7—环；
8—线圈；9—衔铁；10—导套；11—插头组件

4）液动换向阀

液动换向阀是利用控制油路的压力油来改变阀芯位置的换向阀。如图 5-9 所示，阀芯是由其两端密封腔中油液的压差来移动的，当控制油路的压力油从阀右边的控制油口 K_2 进入滑阀右腔时，K_1 接通回油，阀芯向左移动，使压力油口 P 与 B 相通，A 与 T 相通；当 K_1 接通压力油，K_2 接通回油时，阀芯向右移动，使得 P 与 A 相通，B 与 T 相通；当 K_1、K_2 都通回油时，阀芯在两端弹簧作用下回到中间位置。

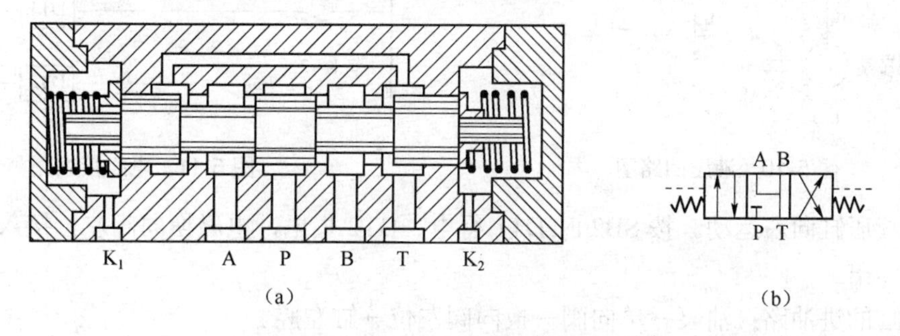

图 5-9　三位四通中位机能 Y 型液动换向阀结构和图形符号

（a）结构；（b）图形符号

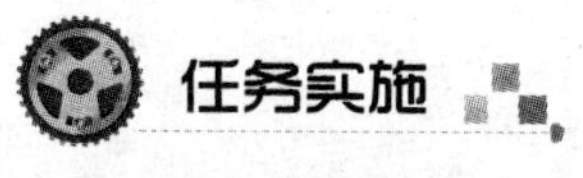

方向控制回路的构建

方向控制回路利用各种方向阀来控制液流的通断与变向调节，从而控制执行元件的起动、停止和换向。各种控制方式的换向阀均可组成方向控制回路。

一、采用O型中位机能换向阀的液压缸换向回路

（一）实验目的

（1）掌握O型换向阀的内部结构及工作原理。

（2）完成使用O型换向阀的换向回路实验。

（二）实验元件

本实验的液压装置有定量液压泵、液压缸、三位四通换向阀（O 型）。

（三）实验内容

（1）实验时按图5-10、图5-11所示接好油路、电路。

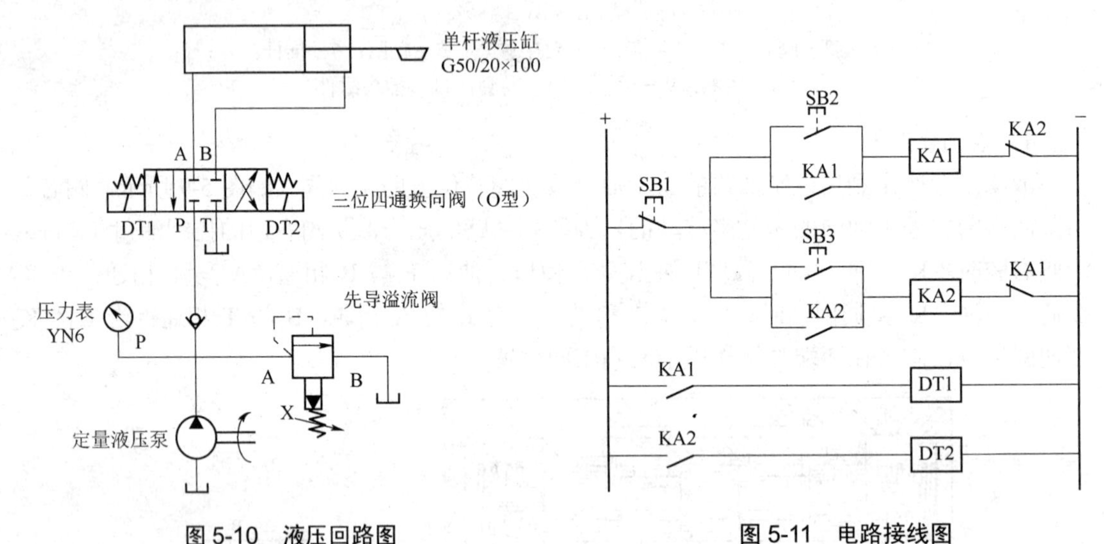

图5-10 液压回路图　　　图5-11 电路接线图

（2）液压缸向右运动。按SB2时DT1得电、DT2失电，电磁换向阀左位接入系统，活塞杆向右伸出。

液压缸的进油路：油泵→单向阀→换向阀左位→缸左腔。

液压缸的回油路：缸右腔→换向阀左位→油箱。

（3）液压缸向左运。按SB3时DT2得电、DT1失电，电磁换向阀右位接入系统，活塞杆向左缩回。

液压缸的进油路：油泵→单向阀→换向阀右位→缸右腔。

液压缸的回油路：缸左腔→向阀右位→油箱。

（4）液压缸停止（闭锁回路）。按SB1时DT2失电、DT1失电，电磁换向阀中位接入系统，活塞杆停止。

液压缸的进油路：油泵→单向阀→换向阀中位堵塞。

缸两腔的油被换向阀中位堵塞，活塞杆停止，油缸处于锁紧状态。

提示：单向阀的功用是系统正常工作时，单向阀正向通油；系统异常工作时，产生液压冲击时，防止系统高压油倒流入泵，单向阀反向截止，起安全保护作用。

二、采用H型中位机能换向阀的液压缸换向回路

（一）实验目的

（1）掌握液控单向阀的内部结构及工作原理。

（2）完成使用液控单向阀的液压缸换向回路。

（二）实验元件

本实验所需的液压装置有定量液压泵、液压缸、三位四通换向阀（中位机能 H 型）、液控单向阀。

（三）实验内容

（1）实验时按图 5-12、图 5-13 所示接好油路、电路。

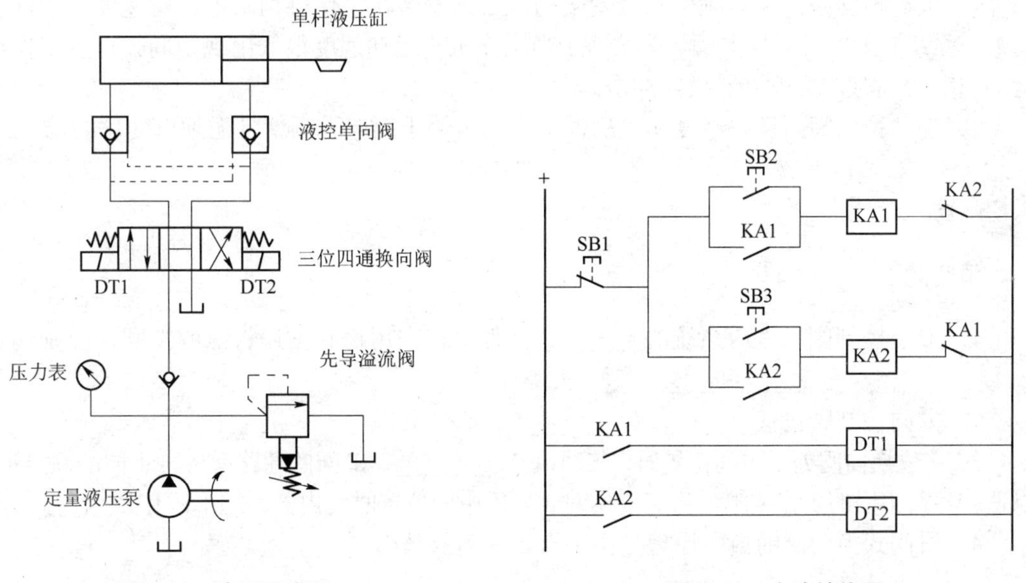

图 5-12 液压回路图　　图 5-13 电路接线图

（2）液压缸向右运动。按 SB2 时，DT1 得电、DT2 失电，电磁换向阀左位接入系统，活塞杆向右伸出。

液压缸的进油路：液压泵→单向阀→换向阀左位→液控单向阀（正向通油）→缸左腔。

液压缸的回油路：缸右腔→液控单向阀（反向通油）→换向阀左位→油箱。

（3）液压缸向左运动。按 SB3 时，DT2 得电、DT1 失电，电磁换向阀右位接入系统，活塞杆向左缩回。

液压缸的进油路：液压泵→单向阀→换向阀右位→液控单向阀（正向通油）→缸右腔。

液压缸的回油路：缸左腔→液控单向阀（反向通油）→换向阀右位→油箱。

（4）液压缸停止（闭锁回路）。按 SB1 时 DT2 失电、DT1 失电，电磁换向阀中位接入系统，活塞杆停止，油缸处于锁紧状态。

提示：液控单向阀的功用，是当控制油口无压力油时，相当于普通单向阀，即正向通油、反向截止；当控制油口通压力油时，正、反向都通油。分析此回路，可读出压力表值，观测是否有控制油。

归纳总结

（1）方向控制回路是利用各种方向控制阀来控制进入执行元件液流的通、断或改变方向来实现执行元件的起动、停止或改变运动方向的回路。

（2）常用方向控制回路的类型：换向回路和锁紧回路。换向回路是用来控制液压执行元件运动方向的，锁紧回路是实现执行元件锁住不动的。

（3）换向阀不同控制方式的特点

① 电磁换向阀：方便，动作快，有换向冲击，适用于小流量、平稳性要求不高的场合、交流电磁铁一般不宜作频繁切换，以免线圈烧坏。

② 机动换向阀：换向频率不会受限制，必须安装在工作机构附近，对速度和惯性较大的液压系统，采用机动换向阀较为合理。当工作机构运动速度很低出现换向死点且工作机构运动速度较高时，又可引起换向冲击。

③ 手动换向阀：换向精度和平稳性不高，常用于换向不频繁且无须自动化的场合。

练　习

一、填空题

1．液压控制阀是液压系统的________元件。根据用途和工作特点的不同，控制阀主要分为________、________和________三大类。

2．方向控制阀包括________和________。

3．三位换向阀处于中间位置时，其油口 P、________、T 间的通路有各种不同的联结形式，以适应各种不同的工作要求，将三位换向阀处于中间位置时的内部联通形式称为________。

4．滑阀式换向阀的换向原理是由于滑阀相对阀体做________。

二、选择题

1．液控单向阀使油液（　　）。

A．不能倒流　　　B．可双向自由流通

C．控制口 K 接通时可倒流

2．一水平放置的双伸出杆液压缸，采用三位四通电磁换向阀，要求阀处于中间位置时，液压泵卸荷，且液压缸浮动，其中位机能应选用（　　）；要求阀处于中间位置时，液压泵卸荷，且液压缸闭锁不动，其中位机能应选用（　　）。

A．O 型　　　B．M 型　　　C．Y 型　　　D．H 型

3．要实现液压泵卸载，可采用三位换向阀的（　　）型中位滑阀机能。

A．O　　B．P　　C．M　　D．Y

4．广泛应用的换向阀操纵方式是（　　）式。

A．手动　　B．电磁　　C．液动　　D．电液动

5．操作比较安全且常用于工程机械的液压系统中的是（　　）换向阀。

A．手动　　B．机动　　C．电磁　　D．电液

6．液控单向阀的闭锁回路比用滑阀机能为中间封闭或 P、O 连接的换向阀闭锁回路的锁紧效果好，其原因是（　　）。

A．液控单向阀结构简单

B．液控单向阀具有良好的密封性

C．换向阀闭锁回路结构复杂

D．液控单向阀闭锁回路锁紧时，液压泵可以卸荷

三、判断题

1．单向阀的作用是控制油液的流动方向，接通或关闭油路。（　　）

2．单向阀的作用是变换液流流动方向，接通或关闭油路。（　　）

3．液控单向阀控制油口不通压力油时，其作用与单向阀相同。（　　）

4．在采用液控单向阀的双向锁紧回路中，为了保证执行元件的可靠锁紧，三位四通换向阀应采用 O 或 M 型中位机能。（　　）

5．闭锁回路属于方向控制回路，可采用滑阀机能为中间封闭或 P、O 连接的换向阀来实现。（　　）

四、简答题

1．单向阀的阀芯是否可做成滑动式圆柱阀芯形式？为什么？

2．什么是换向阀的常态位？

3．不同操纵方式的换向阀组成的换向回路各有什么特点？

4．锁紧回路中三位换向阀的中位机能是否可任意选择？为什么？

任务二　压力控制阀及压力控制回路的构建

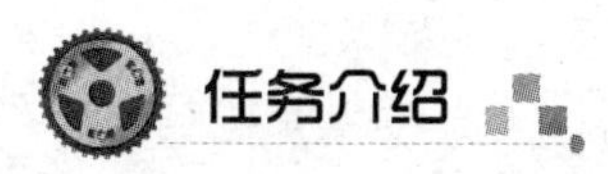

压力控制阀简称压力阀。它包括用来控制液压系统的压力或利用压力变化作为信号来控制其他元件动作的阀类。按其功能和用途不同可分为溢流阀、减压阀、顺序阀和压力继电器等。

任务分析

本任务以课堂教学为主，充分利用网络课程中的多媒体素材来表示抽象概念，通过亚龙YL-381A型PLC控制的液压实训台进行实验，理解压力阀的结构及工作原理；掌握压力阀在压力控制回路中的应用。

相关知识

一、溢流阀

溢流阀在液压系统中的作用是通过阀口的溢流量来实现调压、稳压。溢流阀按其结构分为直动式和先导式两种。

（一）直动式溢流阀的结构和工作原理

如图5-14所示为低压直动式溢流阀，其阀芯7的下端有轴向孔a，压力油经阀芯7下端的径向孔、轴向孔a进入阀芯的底部，形成一个向上的油压作用力。当进口压力较低时，阀芯在调压弹簧力的作用下被压在图示的最低位置。阀口（即进油口P和回油口T之间阀内通道）被阀芯封闭，阀不溢流。当阀的进口压力升高，使阀芯下端的油压作用力足以克服弹簧力时，阀芯向上移动，使P口与T口相通，产生溢流。

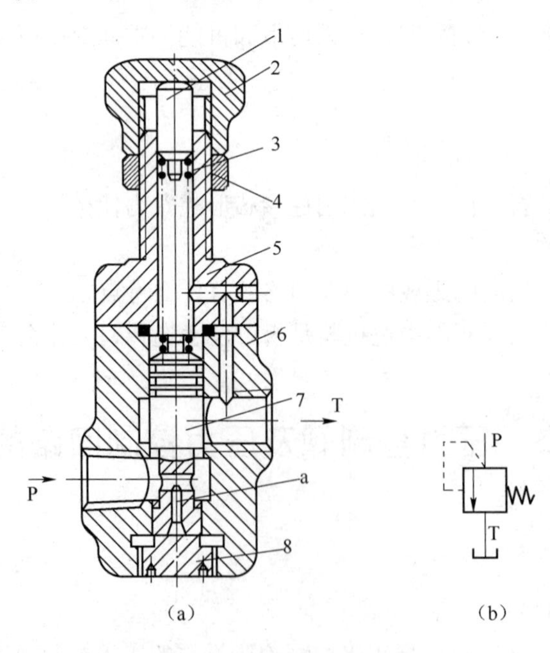

图5-14　直动式溢流阀结构及图形符号

（a）结构；（b）图形符号

1—推杆；2—调压螺母；3—调压弹簧；4—锁紧螺母；5—阀盖；6—阀体；7—阀芯；8—螺塞

由于调压螺母 2 没有刻度，故只能通过系统中的压力表来观测压力的调定值，达到调定值后将锁紧螺母锁紧。

这种溢流阀因压力油直接作用于阀芯，故称直动式溢流阀。直动式溢流阀的特点是结构简单，反应灵敏；但在工作时易产生振动和噪声，压力波动大。一般用于小流量、压力较低的场合。因控制较高压力或较大流量时，需要装刚度较大的硬弹簧，不但手动调节困难，而且阀口开度（弹簧压缩量）略有变化，便引起较大的压力波动，因而不易稳定。系统压力较高时需要采用先导式溢流阀。

（二）先导式溢流阀的结构和工作原理

先导式溢流阀是由先导调压阀和溢流主阀两部分组成的。其中先导调压阀类似于直动式溢流阀，多为锥阀结构。

如图 5-15 所示是先导式溢流阀，压力油自主阀体下部的进油口 P 进入，经孔 g 进入主阀芯 5 下腔；同时通过主阀芯上的阻尼孔 e 进入主阀芯上腔，再由阀盖上的通道 b 和锥阀座上的小孔 a 作用于锥阀芯 3 上。

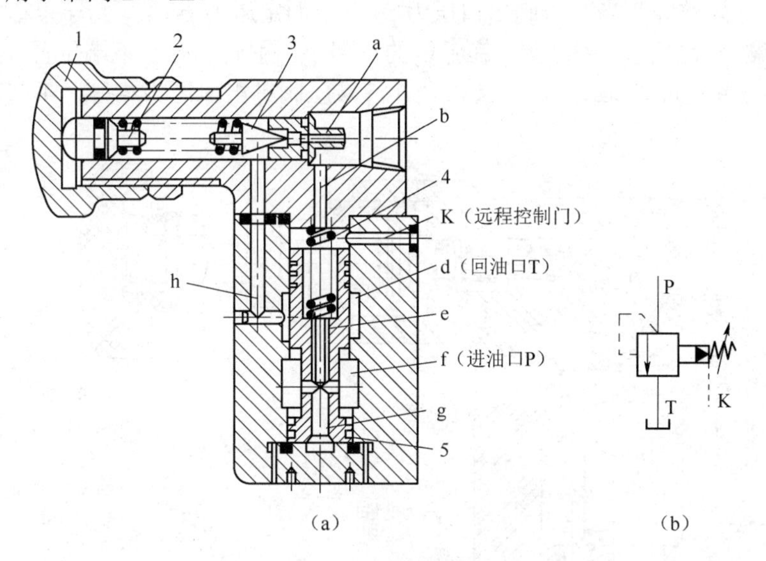

图 5-15 先导式溢流阀结构及图形符号

1—调压螺母；2—先导调压弹簧；3—锥阀芯；4—主阀弹簧；5—主阀芯

a、g—孔；b—通道；e—阻尼孔；h—主阀芯孔

当进油压力 p_1 小于先导调压弹簧 2 的调定值 p_t 时，锥阀芯 3 不动，先导阀关闭，经孔 e 的油液不动，孔 e 前后压力相同，因主阀芯 5 上下两端有效面积相同，作用于主阀芯上的油液作用力相互抵消，主阀弹簧力使主阀口压紧，不溢流。

当进油压力 p_1 超过先导调压弹簧的调定值 p_t 时，先导阀打开，保持 p_1 不变，压力油经主阀芯阻尼孔 e、先导阀口、主阀芯孔 h 至主阀体出油口 T 进行溢流。阻尼孔 e 处的压力损失使主阀芯上下腔中的油液压力不等，下腔压力大于上腔压力，当主阀芯上下腔压差的作用力足以克服主阀弹簧力、主阀芯自重和摩擦力之和时，主阀芯上抬，主阀口开启，此时进油口 P 与出油口 T 直接相通，进行溢流，以保持阀前压力恒定，实现溢流定压。调节先导式溢流阀调压螺母 1 便能调节溢流压力。

在阀体上有一个远程控制口 K，不用时可用螺塞堵住。当将此口通过二位二通阀接通油箱时，主阀上端的压力接近于零，主阀芯在很小的压力下便可移到上端，阀口开得最大。这时系统的油液在很低的压力下通过阀口流回油箱，实现卸荷作用。如果将 K 口接到另一个远程调压阀上（其结构和先导式溢流阀一样），当远程调压阀的调定压力小于先导式溢流阀的压力时，则主阀上端的压力就由远程调压阀来决定。使用远程调压阀后，便可对系统的溢流压力实行远程调压。

调压弹簧的刚度不必很大，压力调整也比较方便。先导式溢流阀稳压性能优于直动式溢流阀，所以，先导式溢流阀可广泛地用于高压大流量场合。

二、减压阀

如图 5-16 所示为先导式减压阀，它是由先导阀和主阀两部分组成。图中 P_1 为进油口，P_2 为出油口，压力油通过主阀芯 4 下端通油槽 a、主阀芯内阻尼孔 b，进入主阀芯上腔 c 后，经孔 d 进入先导阀前腔。当减压阀出口压力 p_2 小于调定压力 p_t 时，先导阀芯 2 在弹簧作用下关闭，主阀芯 4 上下腔压力相等，在弹簧的作用下，主阀芯处于下端位置。此时，主阀芯 4 进出油之间的通道间隙 e 最大，主阀口全开，减压阀进出口压力相等，不起减压作用。

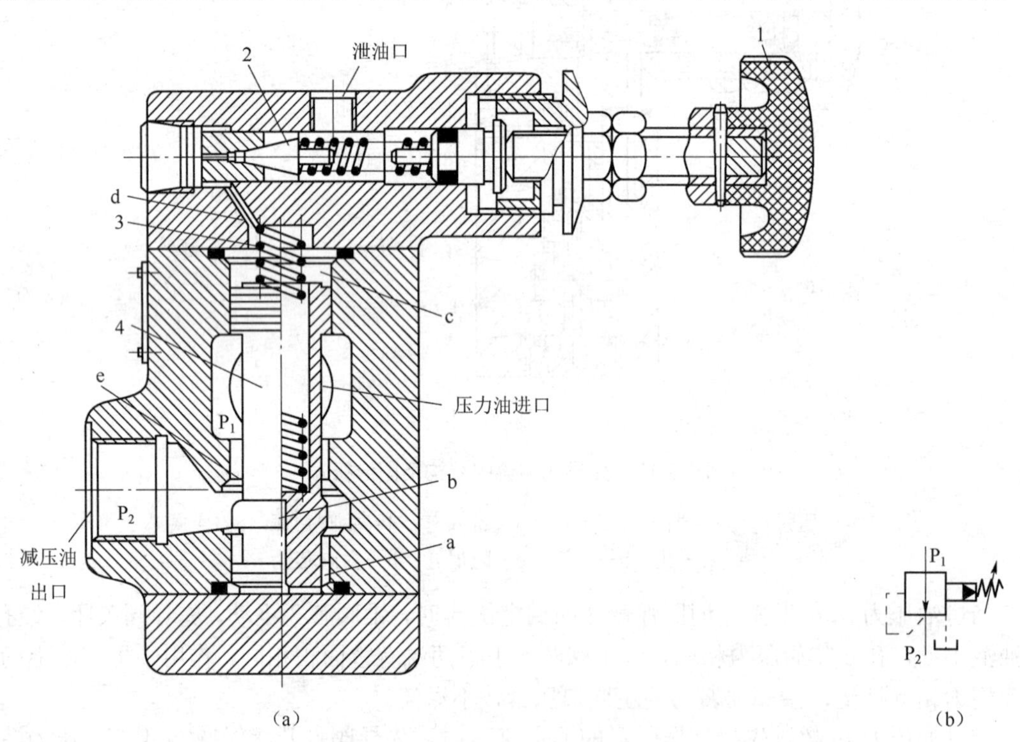

图 5-16 先导式减压阀及图形符号

（a）结构；（b）图形符号

1—手轮；2—先导阀芯；3—主阀弹簧；4—主阀芯

a—油槽；b—阻尼孔；c—上腔；d—孔；e—通道间隙

当阀出口压力 p_2 达到调定值 p_t 时，先导阀芯 2 打开，压力油经阻尼孔 b 产生压差，主阀芯上下腔压力不等，下腔压力大于上腔压力，其差值克服主阀弹簧 3 的作用使阀芯抬起，此时通道间隙 e 减小，节流作用增强，使出口压力 p_2 低于进口压力 p_1，并保持在调定值上。

当调节手轮 1 时，先导阀弹簧的预压缩量受到调节，使先导阀所控制的主阀芯前腔的压力发生变化，从而调节了主阀芯的开口位置，调节了出口压力。由于减压阀出口为系统内的支油路，因此减压阀的先导阀上腔泄漏口必须单独接油箱。

三、顺序阀

顺序阀用来控制液压系统中各执行元件动作的先后顺序。依控制压力的不同，顺序阀可分为内控式和外控式两种。前者用阀的进口压力控制阀芯的启闭，后者用外来的控制压力油控制阀芯的启闭（即液控顺序阀）。顺序阀也有直动式和先导式两种，前者一般用于低压系统，后者用于中高压系统。

如图 5-17（a）所示为一种直动式内控顺序阀，压力油由进油口经阀体和下盖的小孔流到控制活塞的下方，使阀芯受到一个向上的推动作用。当进口油压较低时，阀芯在弹簧的作用下处于下部位置，这时进、出油口不通。当进口油压力增大到调定压力，阀芯底部受到的推力大于弹簧力，阀芯上移，进出油口连通，压力油就从顺序阀流过。顺序阀的开启压力可以用调压螺钉来调节。

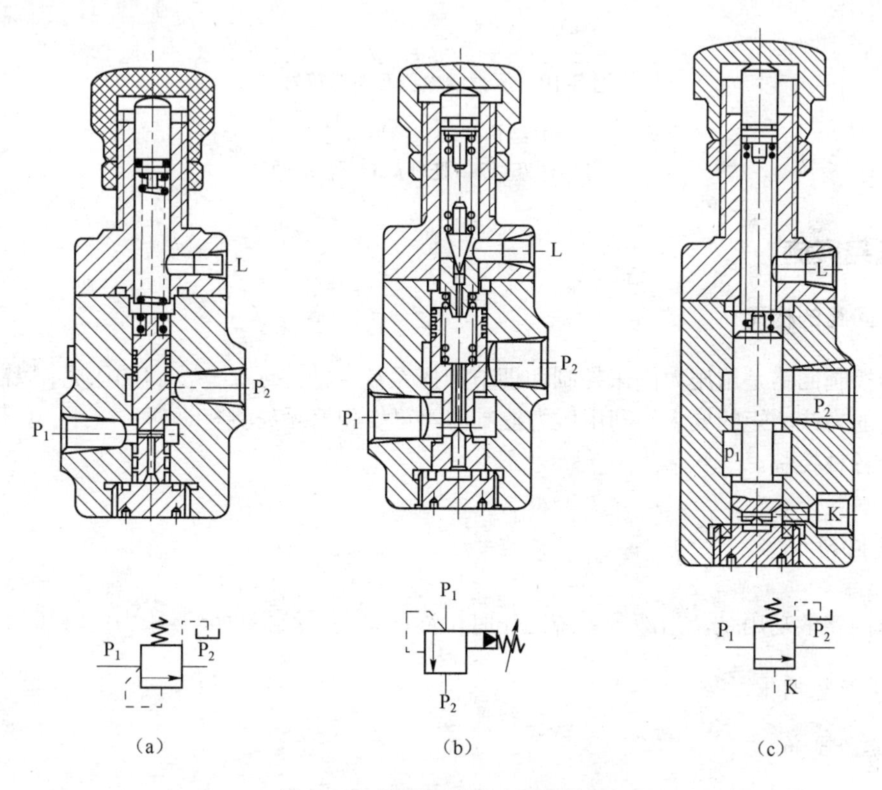

图 5-17 顺序阀结构及图形符号

（a）直动式顺序阀；（b）先导式顺序阀；（c）液控顺序阀

四、压力继电器

压力继电器是一种将油液的压力信号转换成电信号的电液控制元件，当油液压力达到压力继电器的调定压力时，即发出电信号，以控制电磁铁等元件动作。如图 5-18 所示，当从压力继电器下端进油口通入的油液压力达到调定压力值时，推动柱塞 1 上移，此位移通过杠杆 2 放大后推动开关动作。改变弹簧 3 的压缩量即可以调节压力继电器的动作压力。

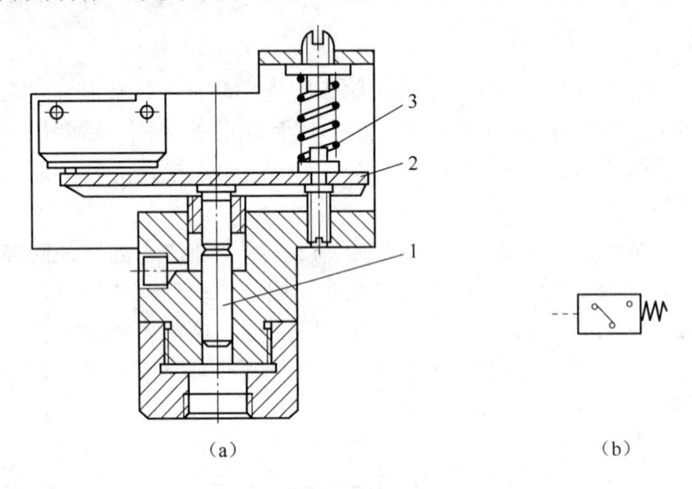

图 5-18　压力继电器及图形符号

（a）结构；（b）图形符号

1—柱塞；2—杠杆；3—弹簧

任务实施

压力控制回路的构建

压力控制回路是用压力阀来控制和调节液压系统主油路或某一支路的压力，以满足执行元件所需的力或力矩的要求。利用压力控制回路可实现对系统进行调压、减压、增压、卸荷与平衡等各种控制。

一、调压回路

调压回路的功用是，当液压系统工作时，液压泵向系统提供所需压力的液压油。

（一）单级调压回路

1. 实验目的

（1）了解溢流阀的结构及工作原理。
（2）掌握使用溢流阀来调节泵的出口油压的回路。

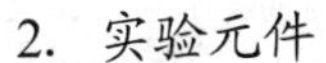

2. 实验元件

本实验所涉及的液压装置有定量液压泵、单向阀、液压缸、压力表、先导溢流阀、节流阀、二位四通换向阀。

3. 实验内容

（1）实验时按图 5-19、图 5-20 所示接好油路、电路。

（2）当液压泵起动时液压缸伸出，按下起动按钮 SB2 时，液压缸缩回；按下停止按钮 SB1 时，液压缸伸出。当液压缸走到末端时，调节溢流阀，压力表可以显示系统压力的变化。

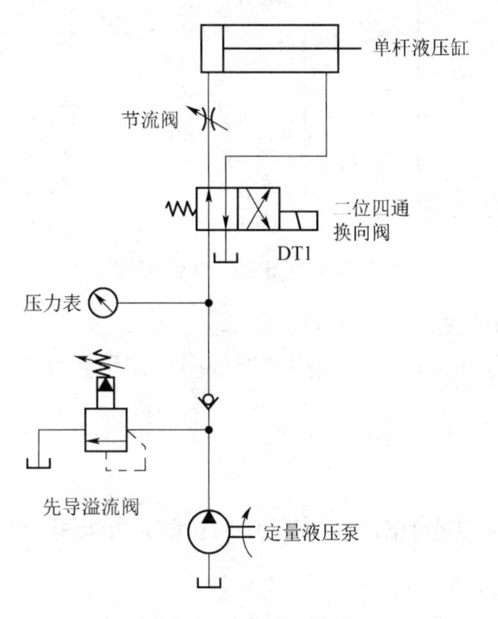

图 5-19　液压回路图

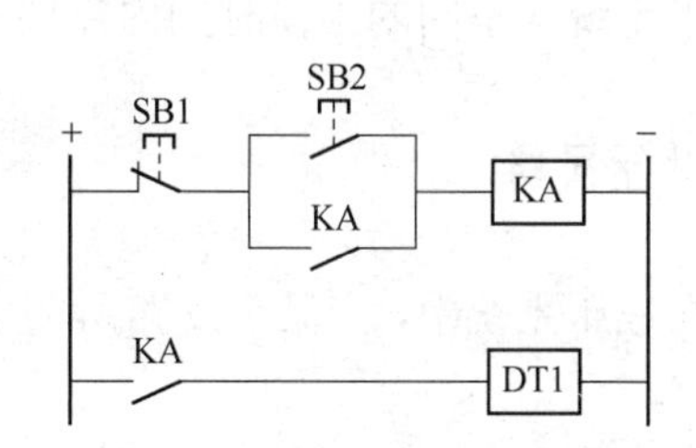

图 5-20　电路接线图

提示：通过溢流阀调节并稳定液压泵的工作压力。

（二）多级调压回路

1. 实验目的

使用多个溢流阀实现多级调压回路。

2. 实验元件

本实验所涉及的液压装置有定量液压泵、液压缸、三位四通换向阀、溢流阀。

3. 实验内容

（1）当液压系统需要多级压力控制时，可采用此回路。实验时按图 5-21、图 5-22 所示接好油路、电路。

（2）图中主溢流阀 1 的遥控口通过三位四通换向阀 4 分别与远程调压阀 2 和 3 相接。换向阀中位时，系统压力由溢流阀 1 调定；换向阀左位得电时，系统压力由阀 2 调定；右位得电时由阀 3 调定。因而系统可设置三种压力值。

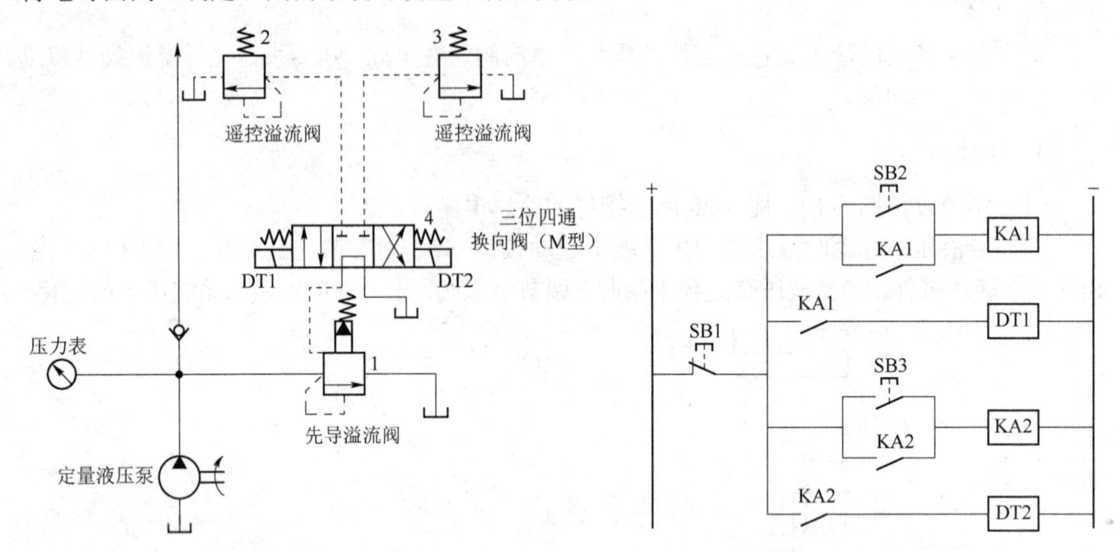

图 5-21　液压回路图　　　　　　　　　　　图 5-22　电路接线图

提示：远程调压阀 2、3 的调定压力必须低于主溢流阀 1 的调定压力。

当系统在不同的工作时间内需要不同的工作压力时，可采用二级或多级调压回路。

二、减压回路

在液压系统中，当某个支路所需要的工作压力低于油源设定的压力值时，可采用一级减压回路。

（一）实验目的

（1）掌握减压阀的内部结构及工作原理。

（2）使用减压阀调节系统的工作压力低于液压泵所提供的压力。

（二）实验元件

本实验的液压装置有定量液压泵、液压缸、减压阀、单电控二位四通阀、压力表。

（三）实验内容

（1）实验时按图 5-23、图 5-24 所示接好油路、电路，泵起动时液压缸伸出。

（2）按下 SB2 时，液压缸缩回，按下 SB1 时，液压缸伸出。

（3）调节减压阀的旋钮可以清楚地显示减压回路系统的压力。液压泵的最大工作压力由溢流阀 1 调定，液压缸 3 的工作压力则由减压阀 2 调定。

提示：一般情况下，减压阀的调定压力要在 0.5MPa 以上，但又要低于溢流阀 1 的调定压力 0.5MPa 以上，这样可使减压阀出口压力保持在稳定的范围内。

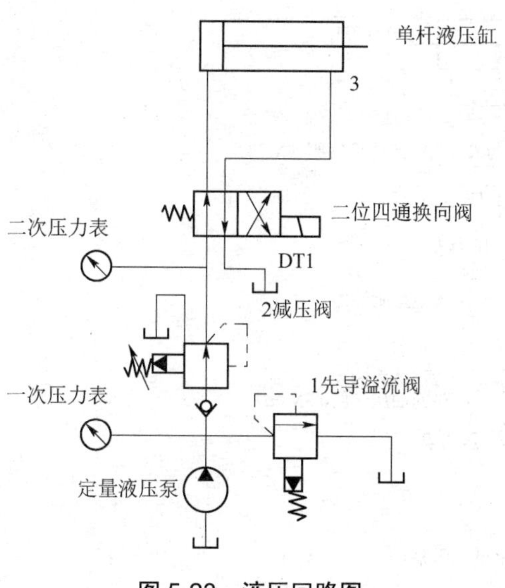

图 5-23　液压回路图

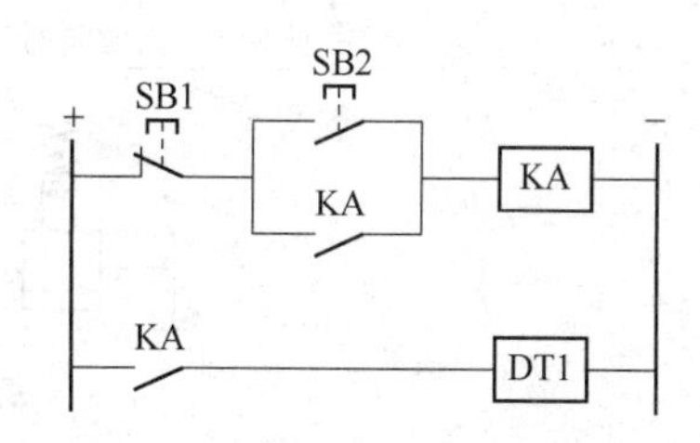

图 5-24　电路接线图

三、卸荷回路

在液压系统工作中，有时执行元件短时间停止工作，在这种情况下，不需要液压泵输出油液，于是液压泵输出的压力油全部或绝大部分从溢流阀流回油箱，为此，需要采用卸荷回路。卸荷回路的功用是指在液压泵驱动电动机不频繁启闭的情况下，使液压泵在功率输出接近于零的情况下运转，以减少功率损耗，降低系统发热，延长泵和电动机的寿命。因为液压泵的输出功率为其流量和压力的乘积，因而，两者任一近似为零，功率损耗即近似为零。液压泵的卸荷有流量卸荷和压力卸荷两种，压力卸荷的方法是使泵在压力接近零下运转。常见的压力卸荷方式有以下几种。

（一）采用三位换向阀的卸荷回路

1. 实验目的

（1）掌握 M 型三位换向阀的内部结构及工作原理。

（2）完成使用三位换向阀的系统卸荷回路。

2. 实验元件

本实验所需的液压装置有定量液压泵、液压缸、压力表、双电控三位四通阀（M 型）。

3. 实验内容

（1）实验时按图 5-25、图 5-26 所示接好油路、电路。

（2）按下 SB2 时，DT1 得电液压缸伸出；按下 SB3 时，DT2 得电液压缸缩回；按下 SB1 时 DT1、DT2 都断电，液压泵出油口油压在极低的压力下流回油箱（电动机不停止转动），泵就处于卸荷状态。

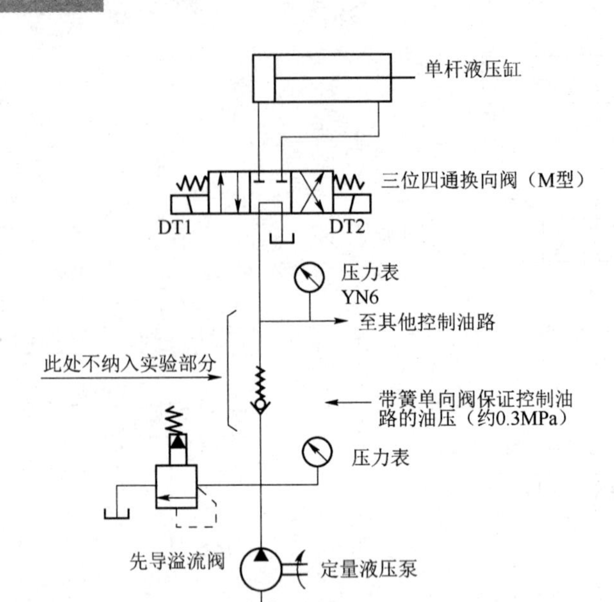

图 5-25　液压回路图

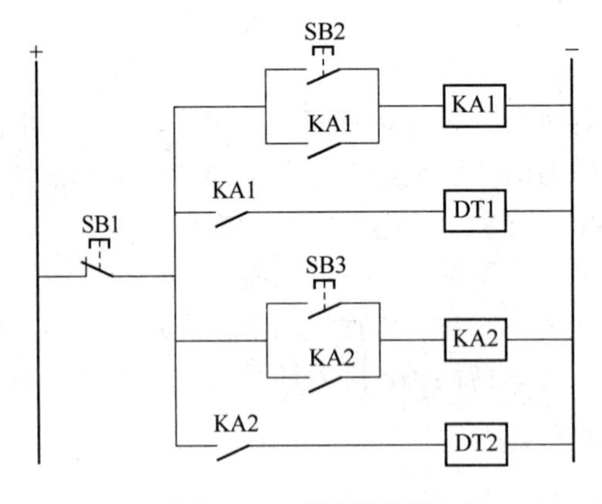

图 5-26　电路接线图

（二）采用二位二通电磁阀的卸荷回路

1. 实验目的

（1）掌握二位二通换向阀的内部结构及工作原理。

（2）完成使用二位二通阀的系统卸荷回路。

2. 实验元件

本实验的液压装置有定量液压泵、压力表、液压缸、先导溢流阀、二位四通换向阀。

3. 实验内容

（1）实验时按图 5-27、图 5-28 所示接好油路、电路。

（2）泵起动时液压缸伸出，按下 SB2 时，液压缸缩回；按下 SB1 时，液压缸伸出；按下 SB3 时 DT2 得电，此时回路卸荷。当系统工作时，二通电磁阀处于断电状态，卸荷油路断开，泵输出的压力油进入系统。当二通电磁阀得电时，泵的出油压力经先导溢流阀到二通阀，流回油箱，使其卸荷（可用二位四通阀代替二位二通阀）。

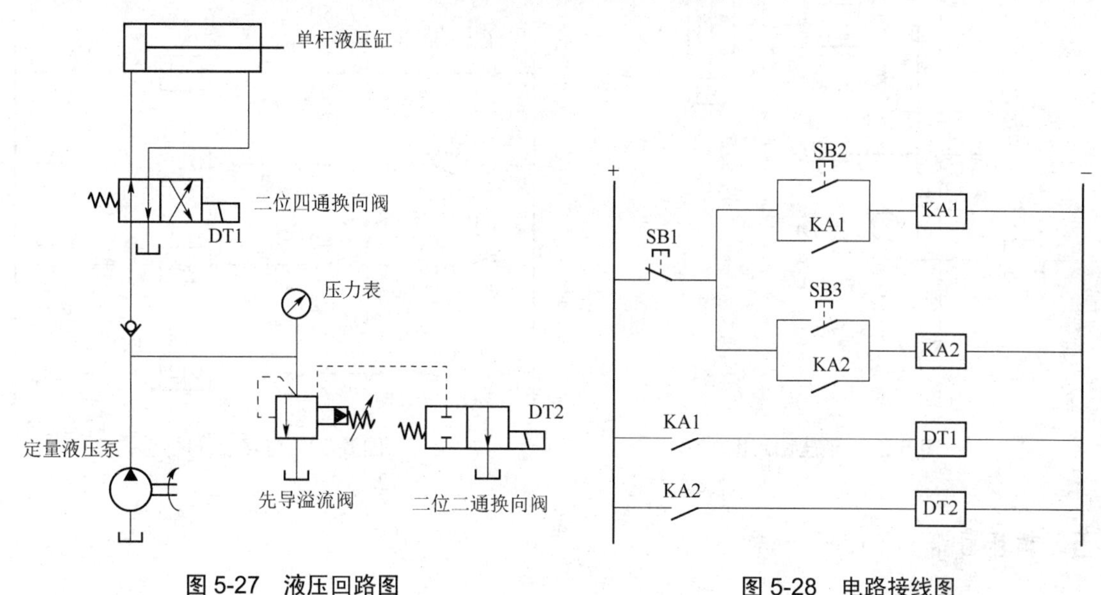

图 5-27　液压回路图　　　　图 5-28　电路接线图

四、平衡回路

（一）实验目的

（1）了解顺序阀的工作原理及应用。
（2）完成顺序阀的回路控制。

（二）实验元件

本实验所需的液压装置有定量液压泵、液压缸、三位四通换向阀（M 型）、单向顺序阀。

（三）实验内容

（1）实验时按图 5-29、图 5-30 所示接好油路、电路。
（2）按下 SB2 时，DT1 得电液压缸伸出；按下 SB3 时，DT1 失电 DT2 得电，液压缸缩回；按下 SB1 时电磁铁失电，此时回路卸荷。

提示：调整单向顺序阀 1 的开启压力，使其稍大于液压缸活塞及其工作部件的自重在下腔所产生的背压，即可防止活塞及其工作部件的自行下滑。当液压缸活塞下行时，回油腔有一定的背压，所以运动平衡，但功率损耗较大。此回路可用滑轮在液压缸一侧悬挂重物实现。此回路中单向顺序阀又叫平衡阀。

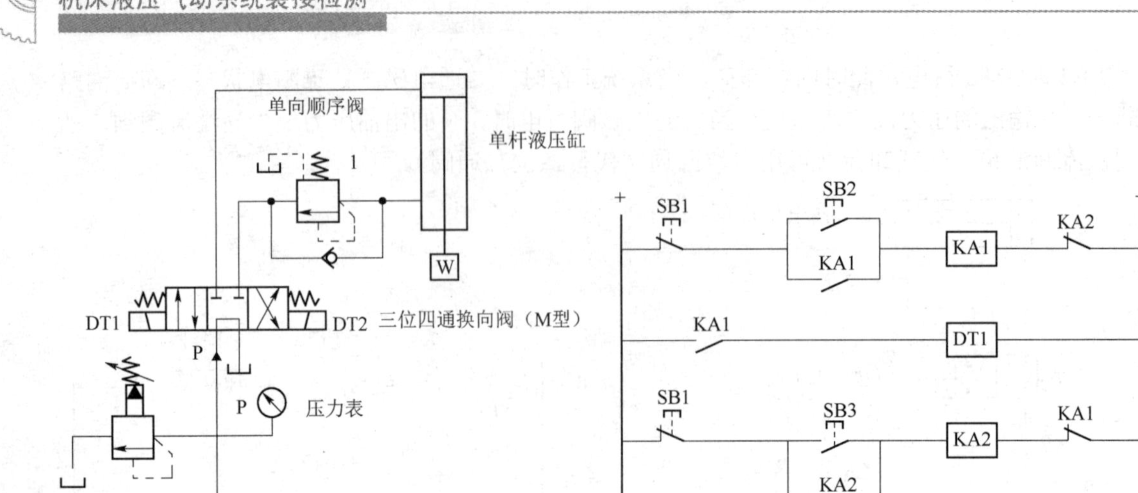

图 5-29 液压回路图　　　　图 5-30 电路接线图

五、增压回路

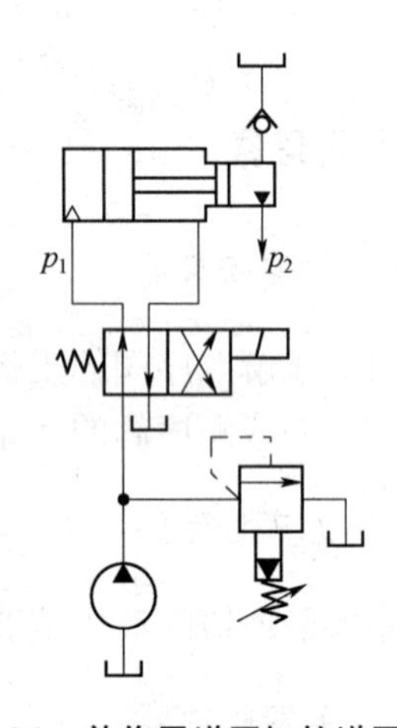

图 5-31 单作用增压缸的增压回路

如果系统或系统的某一支油路需要压力较高但流量又不大的压力油，而采用高压泵又不经济，就常采用增压回路，这样不仅易于选择液压泵，而且系统工作较可靠，噪声小。增压回路中提高压力的主要元件是增压缸或增压器。

如图 5-31 所示，当系统在图示位置工作时，系统的油液（供油压力 p_1）进入增压缸的大活塞腔，此时在小活塞腔即可得到所需的较高压力 p_2；当二位四通电磁换向阀右位接入系统时，增压缸返回，辅助油箱中的油液经单向阀补入小活塞腔。因而该回路只能间歇增压，所以称为单作用增压回路。

（1）溢流阀的结构形式主要有两种：直动式溢流阀和先导式溢流阀。前者一般用于低压或小流量，后者用于高压大流量。溢流阀的主要功用有：①在某些定量泵系统（如节流调速系统）中起定压溢流作用；②在变量泵系统或某些重要部位起安全限压作用。

先导式溢流阀有一个遥控口，通过它可以实现远程调压、多级压力控制和使液压泵卸荷等功能。

（2）减压阀是利用液流通过阀口缝隙所形成的液阻使出口压力低于进口压力，并使出口压力基本不变的压力控制阀。它常用于某局部油路的压力需要低于系统主油路压力的场合。与溢流阀相比，主要差别为：①出口测压；②反馈力指向主阀口关闭方向；③先导级有外泄口。

（3）顺序阀在油路中相当于一个以油液压力作为信号来控制油路通断的液压开关。它与溢流阀的工作原理基本相同，主要差别为：①出口接负载；②动作时阀口不是微开而是全开；③有外泄口。

（4）压力继电器是将压力信号转换为电信号的转换装置。当作用于压力继电器上的控制油压升高到（或降低到）调定压力时，压力继电器便发出电信号。

练　习

一、填空题

1．压力阀的共同特点是利用________和弹簧力________的原理来进行工作。

2．溢流阀的泄油形式为________，减压阀的泄油形式为________。

3．溢流阀工作时开口的大小是根据________自动调整的，不工作时阀口________。

4．顺序阀的功用是以________使多个执行元件自动地按先后顺序动作。

二、选择题

1．压力阀都是利用作用在阀芯上的液压力与（　　）相平衡的原理来进行工作的。

A．阀芯自重　　B．摩擦力　　C．负载　　D．弹簧力

2．把先导式溢流阀的远程控制口接回油箱，将会发生（　　）问题。

A．没有溢流量　　B．进口压力为无穷大

C．进口压力随负载增加而增加　　D．进口压力调不上去

3．溢流阀一般是安装在（　　）的出口处，起稳压、安全等作用。

A．液压缸　　B．液压泵　　C．换向阀

4．溢流阀（　　）。

A．常态下阀口是常开的　　B．阀芯随系统压力的变动而移动

C．进、出油口均有压力　　D．一般连接在液压缸的回油油路上

5．在液压系统中，减压阀能够（　　）。

A．控制油路的通断　　B．使液压缸运动平稳

C．保持进油口压力稳定　　D．保持出油口压力稳定

6．减压阀不用于（　　）。

A．夹紧系统　　B．控制油路　　C．主调压油路　　D．润滑油路

7．当减压阀出口压力小于调定值时，（　　）起减压和稳压作用。

A．仍能　　B．不能　　C．不一定能

8．阀的铭牌不清楚，不许拆开，则（　　）判别是溢流阀还是减压阀。

A．通过灌油法，有出油是溢流阀　　B．通过灌油法，有出油是减压阀

9．（　　）在常态时，阀口是常开的，进、出油口相通。

A．溢流阀　　B．减压阀　　C．顺序阀

10．顺序阀在液压系统中起（　　）作用。

A．稳压　　B．减压　　C．压力开关　　D．安全保护

11．卸荷回路（　　）。

A．可节省动力消耗，减少系统发热，延长液压泵寿命

B．可使液压系统获得较低的工作压力

C．不能用换向阀实现卸荷

D．只能用滑阀机能为中间开启型的换向阀

12．卸载回路属于（　　）回路。

A．方向控制　　B．压力控制　　C．速度控制　　D．顺序动作

13．卸荷回路（　　）。

A．可节省动力消耗，减少系统发热，延长液压泵寿命

B．可使液压系统获得较低的工作压力

C．不能用换向阀实现卸荷

D．只能用滑阀机能为中间开启型的换向阀

14．增压回路的增压比等于（　　）。

A．大、小两液压缸直径之比　　B．大、小两液压缸直径之反比

C．大、小两活塞有效作用面积之比　　D．大、小两活塞有效作用面积之反比

15．如某元件须得到比主系统油压高得多的压力，可采用（　　）。

A．压力调定回路　B．多级压力回路　C．减压回路　　D．增压回路

三、判断题

1．先导式溢流阀的远程控制口可以使系统实现远程调压或使系统卸荷。（　　）

2．利用远程调压阀的远程调压回路中，只有在溢流阀的调定压力高于远程调压阀的调定压力时，远程调压阀才能起调压作用。（　　）

3．压力调定回路主要是由溢流阀组成的。（　　）

四、简答题

1．画出溢流阀、减压阀和顺序阀的图形符号，并比较：

（1）进出油口的油压；

（2）正常工作时阀口的开启情况；

（3）泄油情况。

2．现有两个压力阀，由于铭牌脱落，分不清哪个是溢流阀，哪个是减压阀，又不希望把阀拆开，如何根据其特点做出正确判断？

3．在液压系统中，当工作部件停止运动以后，使泵卸荷有什么好处？你能提出哪些卸荷方法？

4．如题图 5-1 所示溢流阀的调定压力为 5MPa，若阀芯阻尼孔的损失不计，试判断下列情况下压力表读数各为多少？

（1）电磁铁断电，负载为无限大时；

（2）电磁铁断电，负载为4MPa时；

（3）电磁铁通电，负载为3MPa时。

5．如题图5-2所示，溢流阀的调整压力为5.0MPa,减压阀的调整压力为2.0MPa,试分析下列各情况,并说明减压阀阀口处于什么状态。

（1）当泵的出口压力等于溢流阀调整压力时，夹紧缸使工件夹紧后，*A*、*C* 点的压力为多少？

（2）当泵的出口压力由于工作缸快进使压力降至1.0MPa时（工件原先处于夹紧状态），*A*、*C* 点的压力为多少？

（3）夹紧缸在夹紧工件前作空载运行时，*A*、*B*、*C* 三点的压力各为多少？

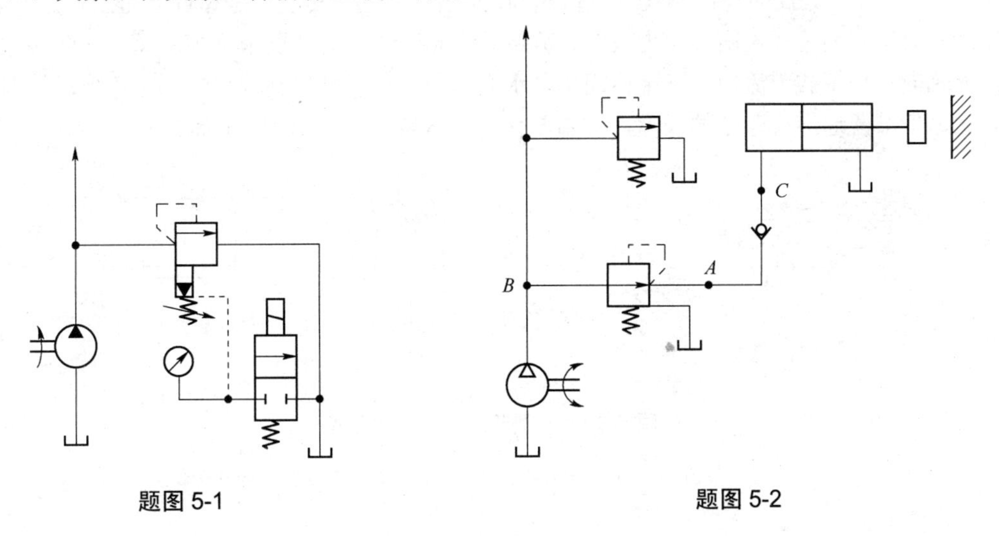

题图5-1　　　　题图5-2

任务三　流量控制阀及速度控制回路的构建

任务介绍

液压系统中执行元件运动速度的大小，由输入执行元件的油液流量的大小来确定。流量控制阀就是依靠改变阀口通流面积的大小来控制流量的液压阀。常用的流量控制阀有节流阀、调速阀等。

任务分析

本任务以课堂教学为主，充分利用网络课程中的多媒体素材来讲解抽象概念，通过亚龙YL-381A型PLC控制的液压实训台实验，理解流量阀的结构及工作原理；掌握快速运动回路、调速回路（节流调速和容积调速回路）的工作原理。

相关知识

一、流量控制阀

（一）节流口的结构

图 5-32 所示为几种常用的节流口形式。图 5-32（a）所示为针阀式节流口，它通道长，湿周大，易堵塞，流量受油温影响较大，一般用于对性能要求不高的场合；图 5-32（b）所示为偏心槽式节流口，其性能与针阀式节流口相同，但容易制造，其缺点是阀芯上的径向力不平衡，旋转阀芯时较费力，一般用于压力较低、流量较大和流量稳定性要求不高的场合；图 5-32（c）所示为轴向三角槽式节流口，其结构简单，水力直径中等，可得到较小的稳定流量，且调节范围较大，但节流通道有一定的长度，油温变化对流量有一定的影响，目前被广泛应用。

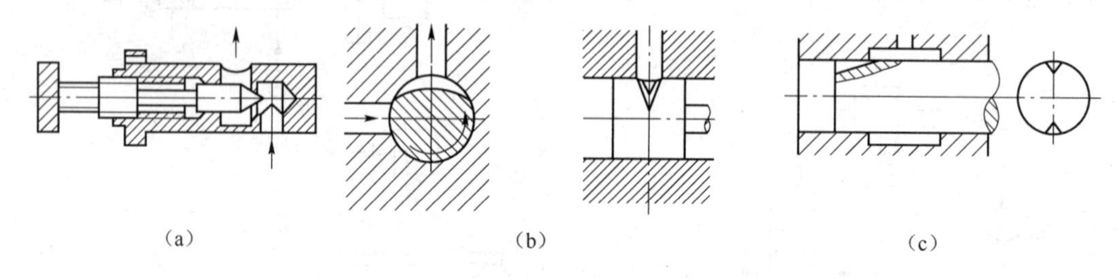

图 5-32　典型节流口的结构形式

（a）针阀式节流口；（b）偏心槽式节流口；（c）轴向三角槽式节流口

（二）节流阀

如图 5-33 所示为一种普通节流阀，这种节流阀的节流通道呈轴向三角槽式。其工作原理：油液从进油口 P_1 流入，经孔道 a 和阀芯 2 左端的三角槽进入孔道 b，再从出油口 P_2 流出。调节手轮 4 就能通过推杆 3 使阀芯 2 做轴向移动，改变节流口的通流截面积来调节流量。阀芯 2 在弹簧 1 的作用下始终贴紧在推杆 3 上。

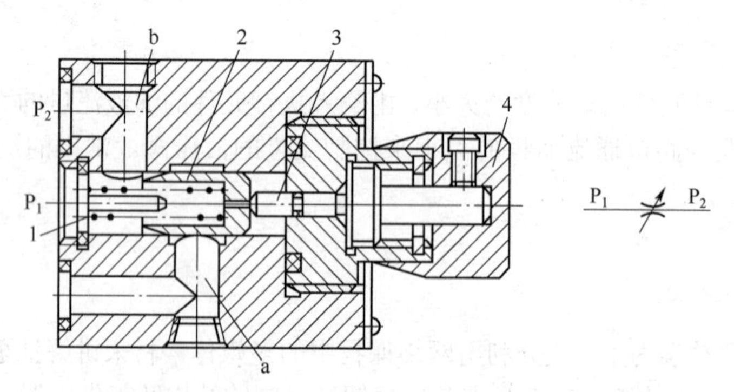

图 5-33　节流阀及图形符号

1—弹簧；2—阀芯；3—推杆；4—调节手轮；a、b—孔道

节流阀结构简单，通过节流阀的流量受其进出口两端压差变化影响，因此只适用于速度稳定性要求不高、功率大的液压系统中。

（三）调速阀

调速阀由定差减压阀和节流阀两部分串联组成，使通过节流阀的调定流量不随负载变化而变化。它适用于速度稳定性要求高、功率小的液压系统中。其图形符号如图 5-34 所示。

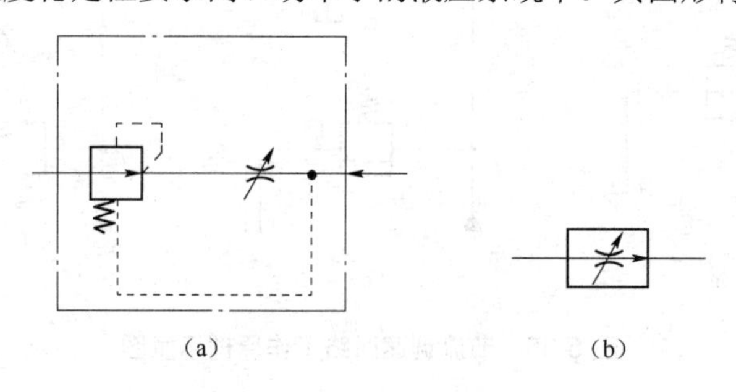

图 5-34　调速阀图形符号

（a）完整符号；（b）简化符号

二、速度控制回路

速度控制回路有调速回路、快速运动回路和速度换接回路。

（一）调速回路

调速回路分为三种：节流调速回路、容积调速回路和容积节流调速回路。

1. 节流调速回路

节流调速回路工作原理：由定量泵供油，通过调节流量阀的通流截面积来改变进入执行机构的流量，从而实现运动速度的调节。

1）进油节流调速回路

进油节流调速回路是将节流阀装在执行机构的进油路上，用来控制进入执行机构的流量以达到调速的目的，其调速原理如图 5-35（a）所示。其中定量泵多余的油液通过溢流阀流回油箱，是进油节流调速回路工作的必要条件，因此溢流阀的调定压力与泵的出口压力相等。

2）回油节流调速回路

回油节流调速回路将节流阀串联在液压缸的回油路上，借助于节流阀控制液压缸的排油量来实现速度调节。如图 5-35（b）所示，与进口节流调速一样，定量泵多余的油液经溢流阀流回油箱，即溢流阀保持溢流，泵的出口压力即溢流阀的调定压力保持基本恒定。

3）旁路节流调速回路

把节流阀装在与液压缸并联的支路上，利用节流阀把液压泵供油的一部分排回油箱实现速度调节的回路，称为旁路节流调速回路。如图 5-35（c）所示，在这个回路正常工作时，溢流阀处于关闭状态，溢流阀作安全阀用，其调定压力为最大负载压力的 1.1~1.2 倍，液压泵的供油压力取决于负载。

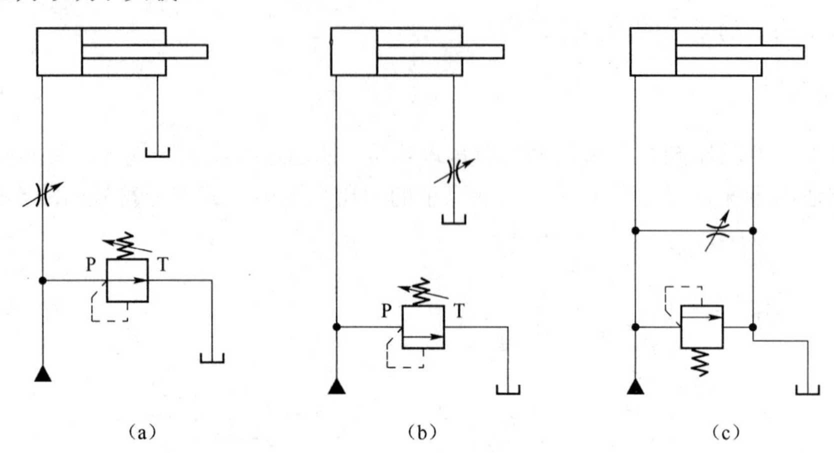

图 5-35　节流调速回路工作原理示意图

（a）进油节流调速；（b）回油节流调速；（c）旁路节流调速

2. 容积调速回路

容积调速回路是通过改变回路中液压泵或液压马达的排量来实现调速的。其主要优点是功率损失小（没有溢流损失和节流损失）且其工作压力随负载变化，所以效率高、油温低，适用于高速、大功率系统。

按油路循环方式不同，容积调速回路有开式回路和闭式回路两种。开式回路中，泵从油箱吸油，执行机构的回油直接回到油箱，油箱容积大，油液能得到较充分冷却，但空气和脏物易进入回路。闭式回路中，液压泵将油输出进入执行机构的进油腔，又从执行机构的回油腔吸油。闭式回路结构紧凑，只需很小的补油油箱，但冷却条件差。为了补偿工作中油液的泄漏，一般设补油泵，补油泵的流量为主泵流量的 10%～15%。压力调节为 3×10^5～10×10^5Pa。

容积调速回路通常有三种基本形式：定量泵和变量液压马达的容积调速回路、变量泵和定量液压马达的容积调速回路、变量泵和变量液压马达的容积调速回路。

1）定量泵和变量液压马达容积调速回路

定量泵与变量液压马达容积调速回路如图 5-36 所示。

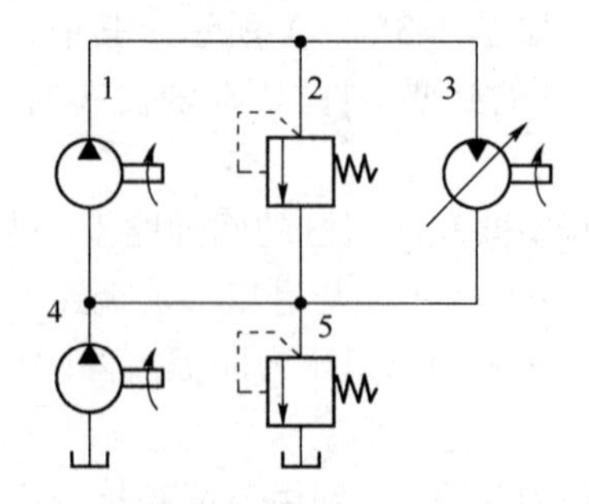

图 5-36　定量泵和变量液压马达容积调速回路

1—定量泵；2—安全阀；3—变量液压马达；4—补油泵；5—溢流阀

在这种回路中，液压泵转速和排量都是定值，改变液压马达排量时，输出转速则与液压马达排量成反比。液压马达的输出功率和回路的工作压力都由负载功率决定。

2）变量泵和定量液压马达（缸）容积调速回路

这种调速回路可由变量泵与液压缸或变量泵与定量液压马达组成。图 5-37（a）所示为变量泵与液压缸所组成的开式容积调速回路；图 5-37（b）所示为变量泵与定量液压马达组成的闭式容积调速回路。

在图 5-37（b）所示回路中，压力管路上的安全阀 2 用以防止回路过载，低压管路上连接一个小流量的补油泵 4，以补偿泵 1 和液压马达 3 的泄漏，其供油压力由溢流阀 5 调节。补油泵与溢流阀使低压管路始终保持一定压力，不仅改善了主泵的吸油条件，还可置换部分发热油液，降低系统温升。

在这种回路中，液压泵转速和液压马达排量都为恒定值，改变液压泵排量可使液压马达转速和输出功率随之成比例地变化。它可正反向实现无级调速，调速范围较大。它适用于调速范围较大，要求恒转矩输出的场合，如大型机床的主运动或进给系统中。

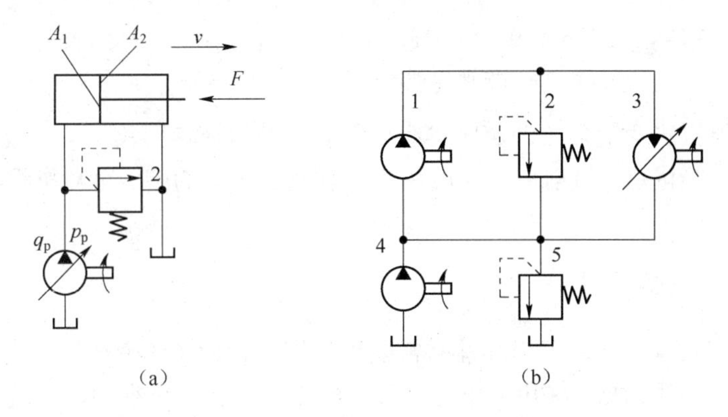

图 5-37　变量泵和定量执行元件容积调速回路

（a）变量泵一液压缸；（b）变量泵一定量液压马达

1—变量泵；2—安全阀；3—定量液压马达；4—补油泵；5—溢流阀

3. 容积节流调速回路

容积节流调速回路的基本工作原理是采用限压式变量泵供油、调速阀（或节流阀）调节进入液压缸的流量并使泵的输出流量自动地与液压缸所需流量相适应。

如图 5-38 所示，图示位置时液压缸 4 的活塞快速向右运动，泵 1 按快速运动要求调节其输出流量，同时调节限压式变量泵的压力调节螺钉，使泵的限定压力大于快速运动所需压力［图 5-38（b）中 *AB* 段］，泵输出的压力油经调速阀 3 进入缸 4，其回油经背压阀 5 回油箱。调节调速阀 3 的流量 q_1 就可调节活塞的运动速度 v，由于 $q_1<q_B$，压力油迫使泵的出口与调速阀进口之间的油压憋高，即泵的供油压力升高，泵的流量便自动减小到 $q_B\approx q_1$ 为止。这种调速回路的运动稳定性、速度负载特性、承载能力和调速范围均与采用调速阀的节流调速回路相同。

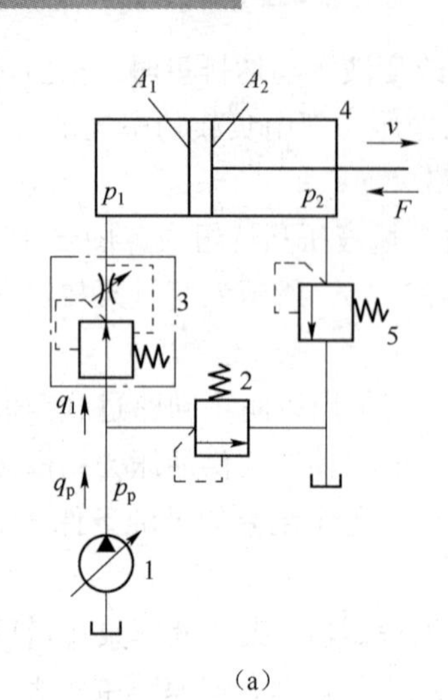

(a)

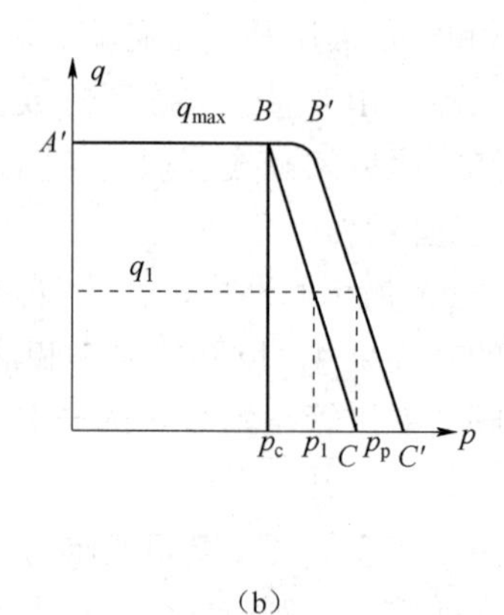

(b)

图 5-38　容积节流调速回路

1—变量泵；2—溢流阀；3—调速阀；4—液压缸；5—背压阀（溢流阀）
（a）调速原理图；（b）调速特性图

综上所述，限压式变量泵与调速阀等组成的容积节流调速回路，具有效率较高、调速较稳定、结构较简单等优点，目前已广泛应用于负载变化不大的中、小功率组合机床的液压系统中。

（二）快速运动回路

为了提高生产效率，机器工作部件常常要求实现空行程（或空载）的快速运动。这时要求液压系统流量大而压力低。这和工作运动时一般需要的流量较小和压力较高的情况正好相反。对快速运动回路的要求主要是在快速运动时，尽量减小需要液压泵输出的流量，或者在加大液压泵的输出流量后，在工作运动时又不至于引起过多的能量消耗。以下介绍几种常用的快速运动回路。

1. 差动连接回路

差动连接回路是在不增加液压泵输出流量的情况下，来提高工作部件运动速度的一种快速回路，其实质是改变了液压缸的有效作用面积。

图 5-39 所示回路是用于快、慢速转换的，其中快速运动采用差动连接的回路。当换向阀 3 左端的电磁铁通电时，阀 3 左位进入系统，换向阀 4 的电磁铁断电时，阀 4 左位进入系统，液压泵 1 输出的压力油经换向阀 3 左位，进入缸左腔，缸右腔的油经阀 4 左位进入缸左腔，实现了差动连接，使活塞快速向右运动；当快速运动结束，换向阀 4 的电磁铁通电，换向阀 4 右位接入系统，液压缸 4 右腔的回油只能经调速阀 5，经换向阀 3 左位流回油箱，这时是工作进给；当换向阀 3 右端的电磁铁通电、换向阀 4 的电磁铁通电时，活塞向左快速退回（非差动连接）。采用差动连接的快速回路结构简单，较经济，但快、慢速度的换接不够平稳。

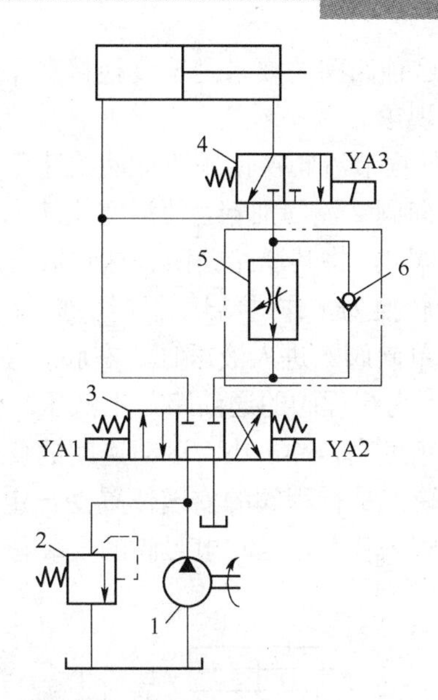

图 5-39　差动连接快速运动回路

1—液压泵；2—溢流阀；3—三位四通电磁换向阀；4—二位三通电磁换向阀；5—调速阀；6—单向阀

2. 双泵供油的快速运动回路

这种回路是利用低压大流量泵和高压小流量泵并联为系统供油的，回路如图 5-40 所示。

图中 1 为高压小流量泵，用以实现工作进给运动。2 为低压大流量泵，用以实现快速运动。在快速运动时，液压泵 2 输出的油经单向阀 4 和液压泵 1 输出的油共同向系统供油。在工作进给时，系统压力升高，打开液控顺序阀（卸荷阀）3 使液压泵 2 卸荷，此时单向阀 4 关闭，由液压泵 1 单独向系统供油。溢流阀 5 控制液压泵 1 的供油压力是根据系统所需最大工作压力来调节的，而卸荷阀 3 使液压泵 2 在快速运动时供油，在工作进给时则卸荷，因此它的调整压力应比快速运动时系统所需的压力要高，但比溢流阀 5 的调整压力低。

双泵供油回路功率利用合理、效率高，并且速度换接较平稳，在快、慢速度相差较大的机床中应用很广泛，缺点是要用一个双联泵，油路系统也稍复杂。

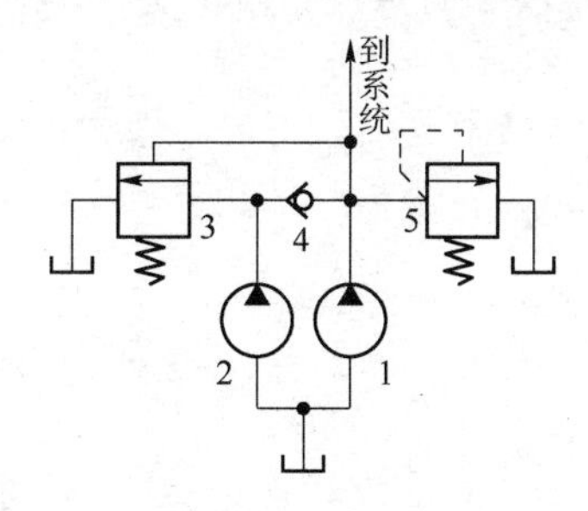

图 5-40 双泵供油快速运动回路

1、2—液压泵；3—卸荷阀；4—单向阀；5—溢流阀

（三）速度换接回路

速度换接回路用来实现运动速度的变换，即在原来设计或调节好的几种运动速度中，从

一种速度换成另一种速度。对这种回路的要求是速度换接要平稳，即不允许在速度变换的过程中有前冲（速度突然增加）现象。

图 5-41 所示是采用单向行程节流阀换接快速运动的速度换接回路，图示位置液压缸 3 右腔的回油可经行程阀 4 和换向阀 2 流回油箱，使活塞快速向右运动。当快速运动到达所需位置时，活塞上挡块压下行程阀 4，将其通路关闭。这时液压缸 3 右腔的回油就必须经过节流阀 6 流回油箱，活塞的运动转换为工作进给运动（简称工进）。当操纵换向阀 2 使活塞换向后，压力油可经换向阀 2 和单向阀 5 进入液压缸 3 右腔，使活塞快速向左退回。

在这种速度换接回路中，因为行程阀的通油路是由液压缸活塞的行程控制阀芯移动而逐渐关闭的，所以换接时的位置精度高，冲击小，运动速度的变换也比较平稳。这种回路在机床液压系统中应用较多，它的缺点是行程阀的安装位置受一定限制，所以有时管路连接稍复杂。行程阀也可以用电磁换向阀来代替，这时电磁阀的安装位置不受限制，但其换接精度及速度变换的平稳性较差。

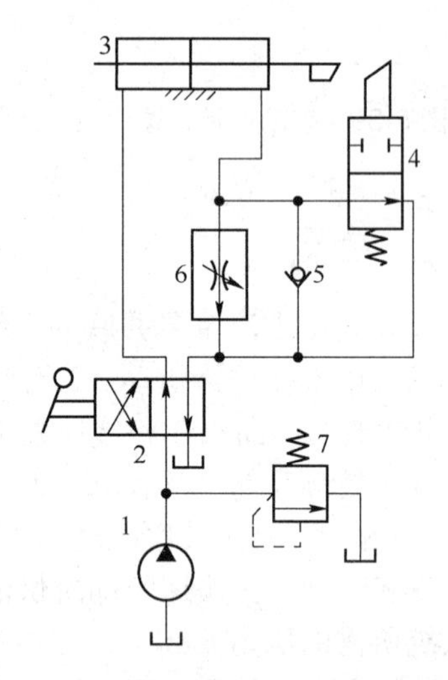

图 5-41　使用行程节流阀的速度换接回路

1—液压泵；2—换向阀；3—液压缸；4—行程阀；5—单向阀；6—节流阀；7—溢流阀

任务实施

速度控制回路的构建

一、调速回路

（一）采用调速阀并联的调速回路

1. 实验目的

（1）掌握调速阀的内部结构及工作原理。

（2）完成使用调速阀并联的调速回路。

2. 实验元件

本实验的液压装置有定量液压泵、液压缸、两位四通换向阀、调速阀。

3. 实验内容

实验时按图 5-42、图 5-43 所示接好油路、电路，按 SB1 液压缸缩回；按下 SB2，液压缸伸出；按 SB3、SB4 控制 DT2 的通断，分别将两个调速阀接通到回路中，通过调节调速阀的开口大小得到 2 种不同的运动速度。

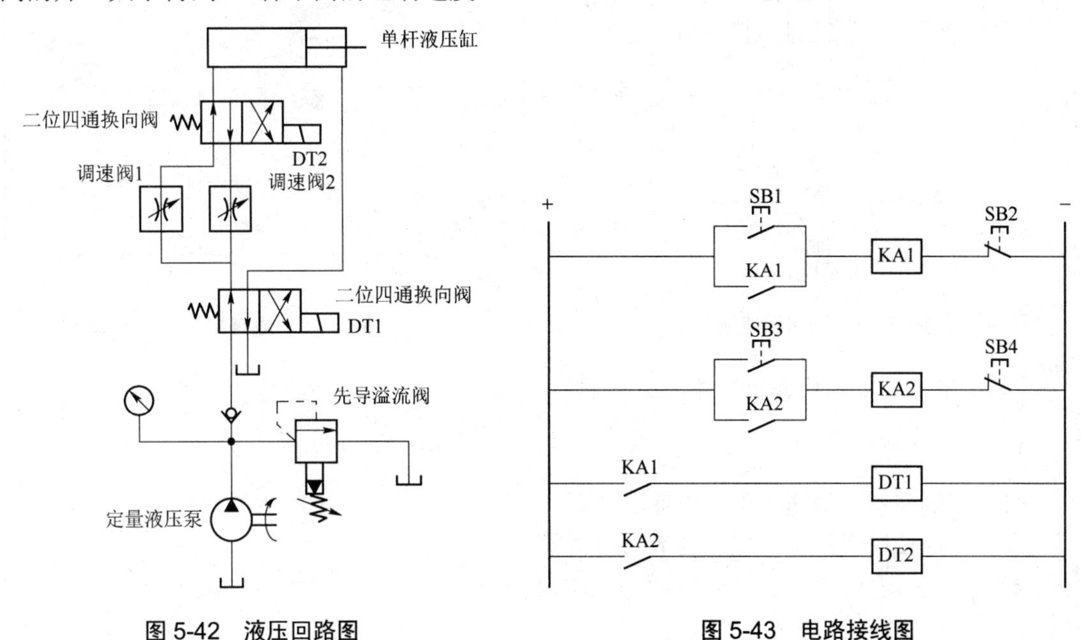

图 5-42 液压回路图

图 5-43 电路接线图

（二）采用调速阀串联的调速回路

1. 实验目的

（1）掌握调速阀的内部结构及工作原理。

（2）完成使用调速阀串联的速度调节回路。

2. 实验元件

本实验的液压装置有定量液压泵、液压缸、两位四通换向阀、调速阀。

3. 实验内容

实验时按图 5-44、图 5-45 所示接好油路、电路，按 SB1 液压缸缩回；按 SB2 时液压缸伸出；按 SB3 时 DT2 得电，此时液压缸为慢速运动；按 SB4 时 DT2 断电，此时液压缸为快速运动。回路中控制 DT2 通或断，使油液经调速阀 1、调速阀 2 或只经调速阀 2 才能进入液压左腔，但调速阀 2 开口比调速阀 1 大。在此回路中，由于油液经过两个调速阀，能量损失较大。

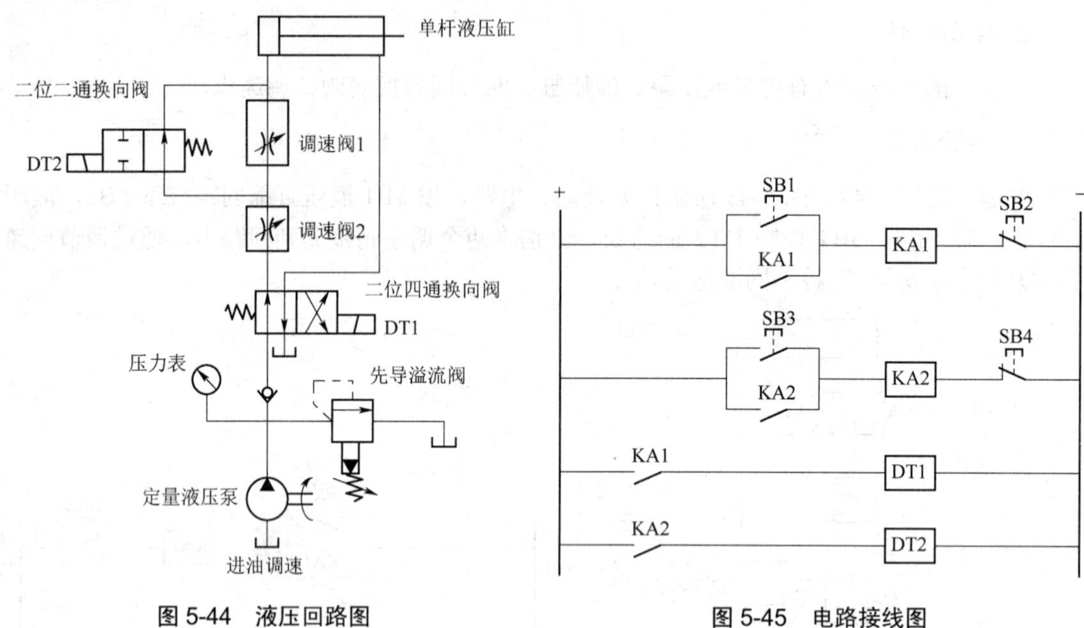

图 5-44 液压回路图　　图 5-45 电路接线图

（三）采用变量泵的容积调速回路

1. 实验目的

（1）了解变量泵调速的工作原理。

（2）完成使用变量泵的速度调节回路实验。

2. 实验元件

本实验所需的液压装置有变量液压泵、液压缸、三位四通换向阀（O 型）。

3. 实验内容

实验时按图 5-46、图 5-47 所示接好油路、电路，按下 SB2 时，DT1 得电，液压缸伸出；按下 SB3 时，DT2 得电，液压缸缩回。在液压缸伸出缩回的过程中，通过手动调节变量泵的流量调节螺钉，从而达到调节液压缸速度的目的。按下 SB1 时，液压缸停止。

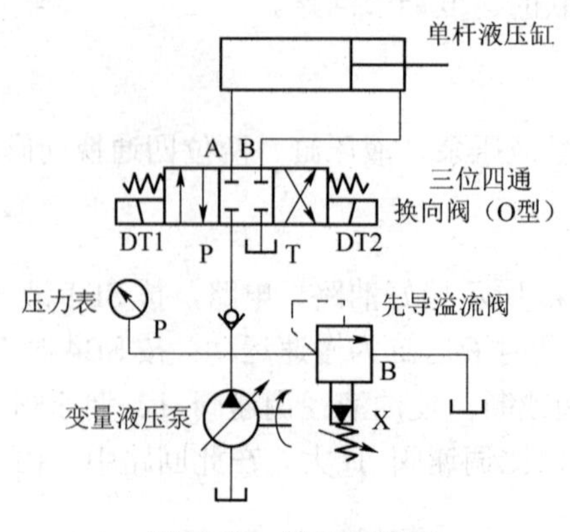

图 5-46 液压回路图

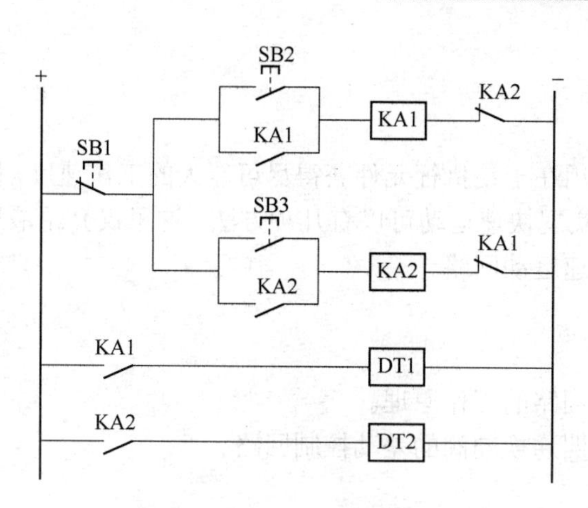

图 5-47　电路接线图

（四）采用变量泵和调速阀的容积节流调速回路

1. 实验目的

（1）了解变量泵和调速阀的复合调速原理。
（2）完成使用变量泵和调速阀的复合调速回路实验。

2. 实验元件

本实验所需的液压装置有变量液压泵、液压缸、三位四通换向阀（O 型）、调速阀。

3. 实验内容

实验时按图 5-48、图 5-49 所示接好油路、电路，按下按钮 SB2 时，DT1 得电，液压缸伸出；按下按钮 SB3 时，DT2 得电，液压缸缩回。在液压缸伸出缩回的过程中，通过手动调节变量泵的流量调节螺钉或调节调速阀，从而达到调节液压缸速度的目的。按下 SB1 时，液压缸停止。

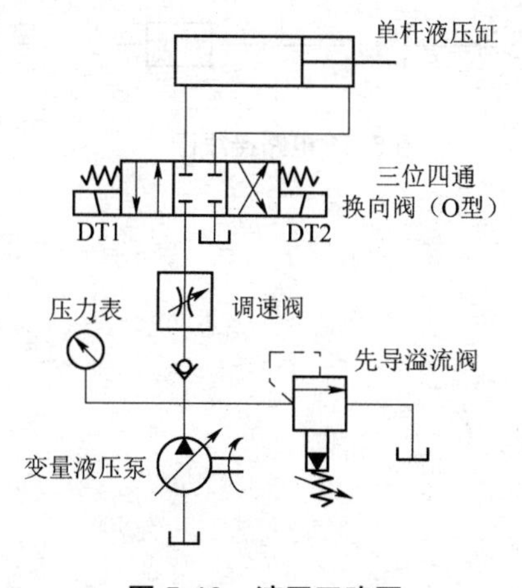

图 5-48　液压回路图

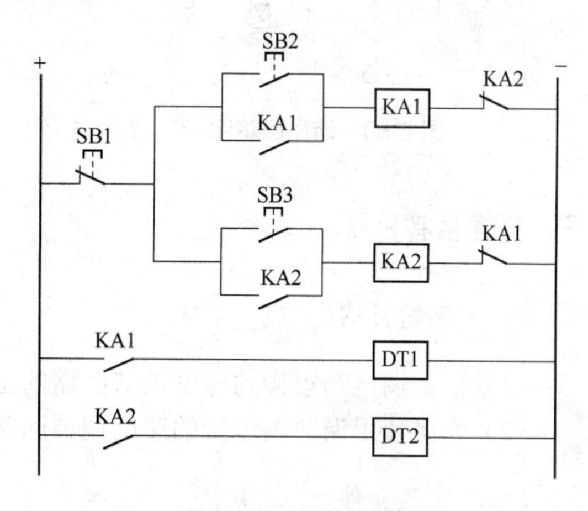

图 5-49　电路接线图

二、快速运动回路

快速运动回路的功用在于使执行元件获得尽可能大的工作速度，以提高劳动生产率并使功率得到合理的利用。实现快速运动可以有几种方法，这里仅介绍液压缸差动连接的快速运动回路和双泵供油的快速运动回路。

（一）实验目的

（1）了解差动控制回路的工作原理。
（2）完成使用三位四通换向阀的差动控制回路。

（二）实验元件

本实验所需的液压装置有定量液压泵、液压缸、三位四通换向阀（P 型）。

（三）实验内容

实验时按图 5-50、图 5-51 所示接好油路电路，按下 SB2 时，DT1 得电，液压缸伸出；按下 SB3 时，DT2 得电，液压缸缩回；按下 SB1 时，油缸以差动方式快速伸出。

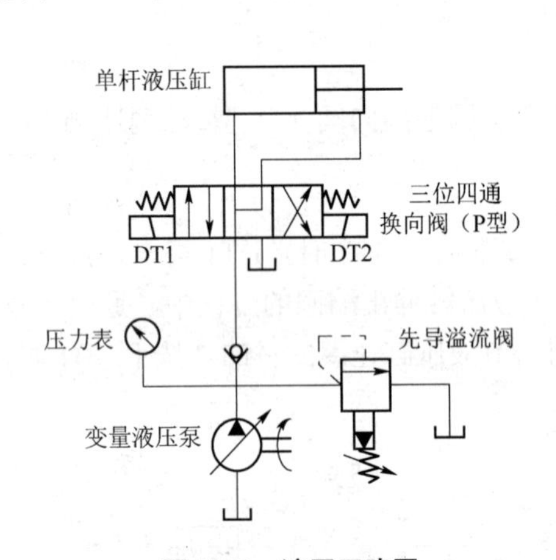

图 5-50　液压回路图

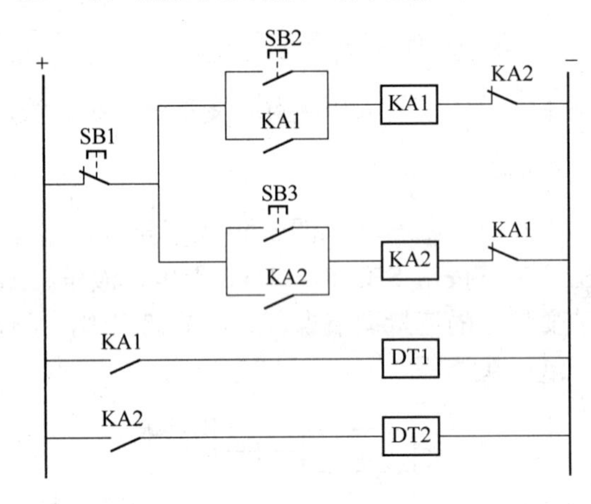

图 5-51 电路接线图

三、速度换接回路

（一）实验目的:

（1）了解调速阀短接的速度调节回路的工作原理。
（2）完成使用调速阀短接的速度调节回路。

（二）实验元件

本实验的液压装置有定量液压泵、液压缸、两位四通换向阀阀、调速阀。

（三）实验内容

实验时按图 5-52、图 5-53 所示接好油路、电路，按 SB2 液压缸伸出；按 SB3 时液压缸缩回；按 SB4 时 DT2 得电，此时调速阀被二位四通阀短接，油液直接回油箱，液压缸为快速运动。

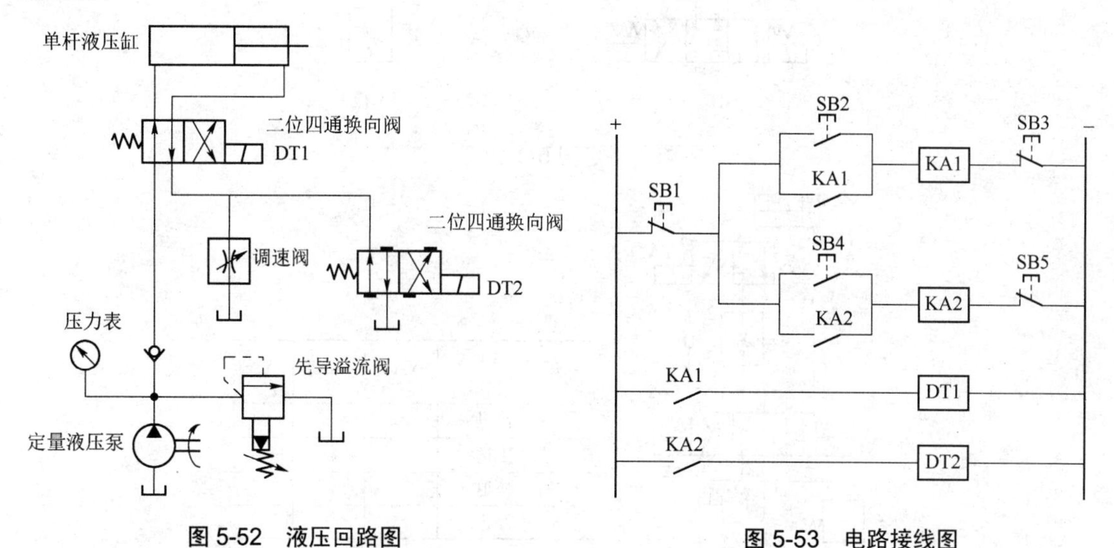

图 5-52　液压回路图　　　　图 5-53　电路接线图

归纳总结

（1）节流阀的工作原理。

（2）调速阀的组成及工作原理。

（3）节流调速回路、容积调速回路、容积节流调速回路的基本构成、工作原理和适用场合，学会搭接速度控制回路。

练　习

一、填空题

1. 调速阀是由________阀和节流阀串联而成的。

2. 根据节流阀在油路中的位置，节流调速回路可分为________节流调速回路，________节流调速回路，________节流调速回路。

3. 流量控制阀是通过改变节流口的________，从而实现对流量的控制的。

二、简答题

1. 指出题图 5-3 中各图形符号所表示的控制阀名称。

2. 如题图 5-4 所示的液压系统，可以实现快进－工进－快退－停止的工作循环要求。

（1）说出图中标有序号的液压元件的名称。

（2）填写电磁铁动作顺序表。

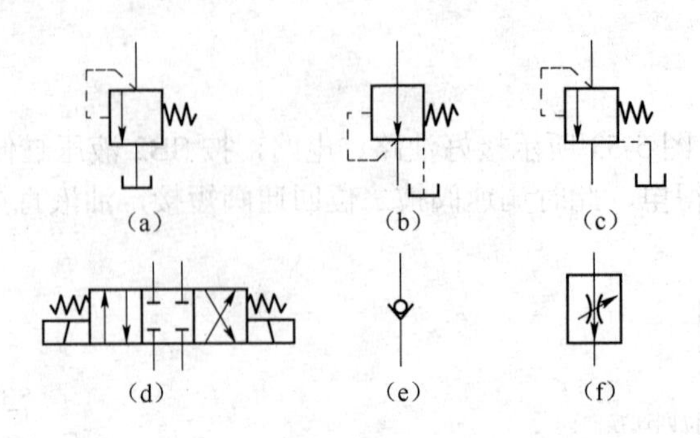

题图 5-3

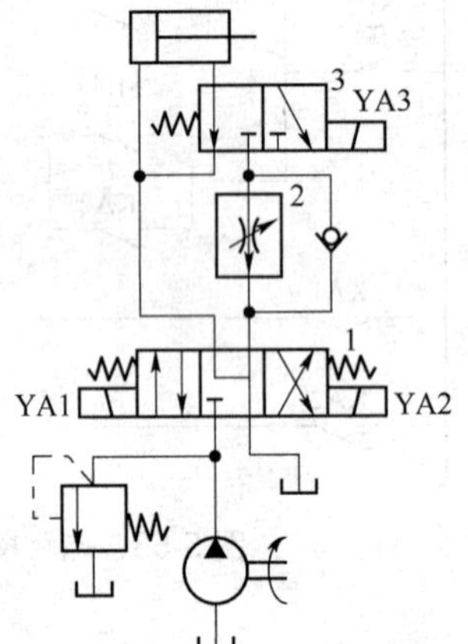

电磁铁 动作	YA1	YA2	YA3
快进			
工进			
快退			
停止			

题图 5-4

3．如题图 5-5 所示的液压系统，填写实现“快进—Ⅰ工进—Ⅱ工进—快退—原位停、泵卸荷”工作循环的电磁铁动作顺序表。

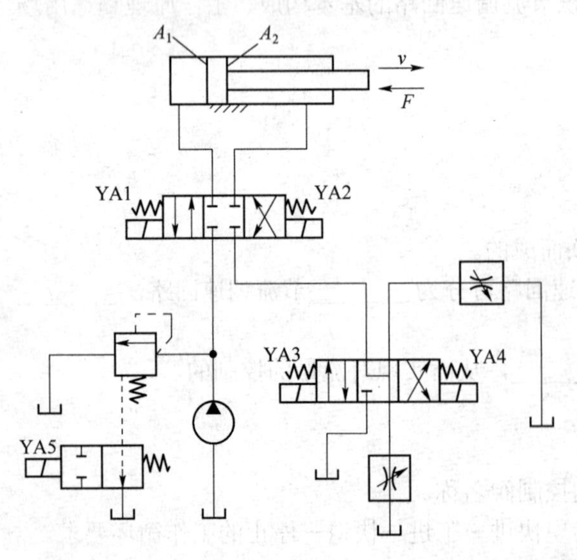

电磁铁 动作	YA1	YA2	YA3	YA4	YA5
快进					
Ⅰ工进					
Ⅱ工进					
快退					
原位停、泵卸荷					

题图 5-5

任务四　多缸运动回路的构建

任务介绍

当一个动力元件同时驱动多个执行元件工作时，这些执行元件之间会有一定的动作要求如顺序动作、同步动作等，为此就需要采用多缸动作控制回路。

任务分析

本任务通过亚龙 YL-381A 型 PLC 控制的液压实训台实验，理解顺序动作回路、同步回路的工作原理、特点及应用。

相关知识

一、顺序动作回路

在多缸液压系统中，往往需要按照一定的要求顺序动作。例如，夹紧机构的定位和夹紧等。

如图 5-54 所示为用行程阀控制的顺序动作回路。当电磁阀通电时，压力油进入缸 A 左腔，其活塞右移实现动作①；当缸 A 活塞运动至预定位置时，其挡块压下行程阀 1 后，压力油进入缸 B 左腔，其活塞右移实现动作②。当电磁阀断电换向（图示位置）时，压力油先进入缸 A 右腔，使其活塞左移退回实现动作③；当缸上挡块离开行程阀 1 使其复位时，压力油经行程阀下位进入缸 B 的右腔，使其活塞也左移退回，实现动作④。

回路中是通过挡块操纵行程阀，实现两缸的顺序动作的。其动作可靠，不会产生误动作，顺序换向平稳，行程位置可调，但动作较难改变，主要用于专用机械的液压系统。

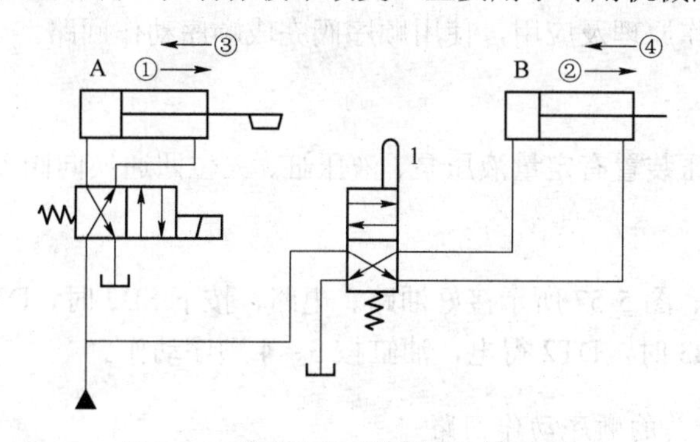

图 5-54　行程阀控制的顺序动作回路

二、同步回路

使两个或两个以上的液压缸，在运动中保持相同位移或相同速度的回路称为同步回路。

串联液压缸的同步回路，如图 5-55 所示，它是将两个缸通过机械装置（齿轮齿条或刚性连接）将活塞杆连接在一起，使它们的运动相互受到牵制，因而可实现可靠的同步运动。这种回路适用于两缸相互靠近且偏较小的场合。

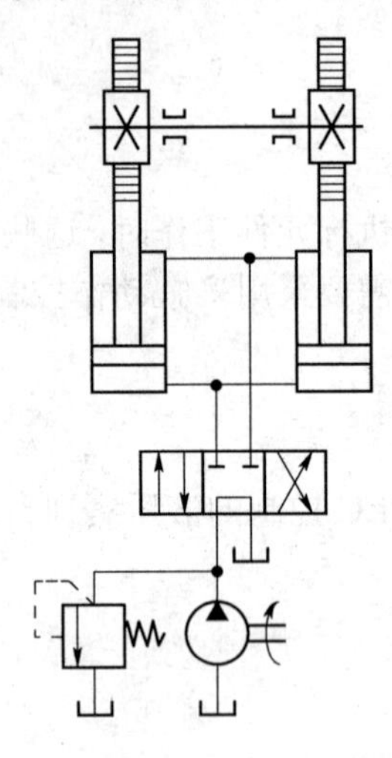

图 5-55　串联液压缸的同步回路

多缸动作回路的构建

一、顺序动作回路

（一）采用顺序阀的顺序动作回路

1. 实验目的

了解顺序阀的工作原理及应用，使用顺序阀完成顺序动作回路。

2. 实验元件

本实验所需的液压装置有定量液压泵、液压缸、三位四通换向阀（O 型）、单向顺序阀。

3. 实验内容

实验时按图 5-56、图 5-57 所示接好油路、电路，按下 SB2 时，DT1 得电，液压缸按 1、2 顺序动作；按下 SB3 时，DT2 得电，油缸按 3、4 顺序动作。

（二）采用行程开关的顺序动作回路

1. 实验目的

使用行程开关完成油缸的顺序动作回路。

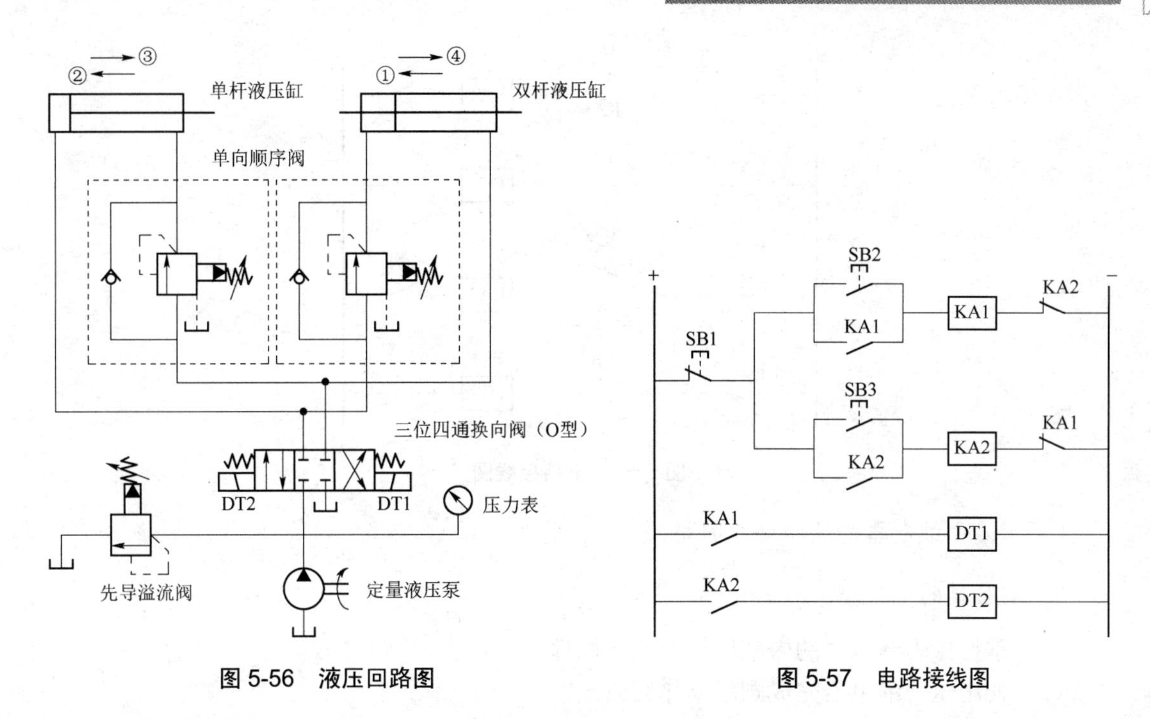

图 5-56　液压回路图　　　　图 5-57　电路接线图

2. 实验元件

本实验所需的液压装置有定量液压泵、液压缸、二位四通换向阀、行程开关。

3. 实验内容

实验时按图 5-58、图 5-59 所示接好油路、电路，按下 SB1，DT1 得电，液压缸 1 伸出，当行程开关 SQ3 闭合时，DT2 得电，液压缸 2 伸出，当行程开关 SQ2 动作时，DT1 失电，液压缸 1 缩回，行程开关 SQ1 动作时，DT2 失电，液压缸 2 缩回，至此两液压缸按 1、2、3、4 顺序自动完成 4 个动作后停止，再按 SB1 时，重复下一轮顺序动作。

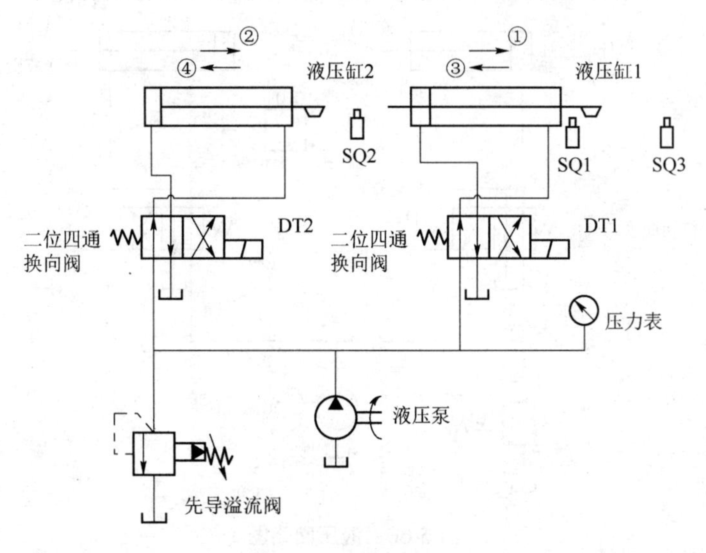

图 5-58　液压回路图

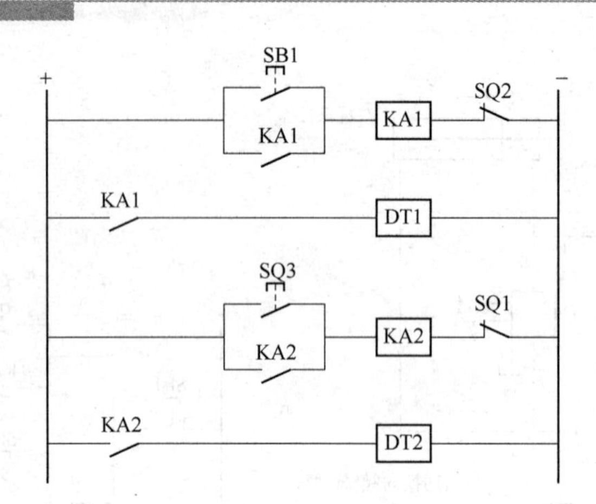

图 5-59　电路接线图

（三）采用继电器的顺序动作回路

1. 实验目的

（1）掌握压力继电器的内部结构及工作原理。

（2）使用压力继电器完成顺序动作回路。

2. 实验元件

本实验所需的液压装置有定量液压泵、液压缸、二位四通换向阀、压力继电器。

3. 实验内容

实验时按图 5-60、图 5-61 所示接好油路、电路，按下 SB1 时，电磁阀 DT1 得电，液压缸 1 动作伸出，当压力达到与继电器相对应的压力时，压力继电器的常开触点闭合，电磁阀 2 得电，液压缸 2 动作，按下 SB2 时，液压缸回复原位，实验结束。

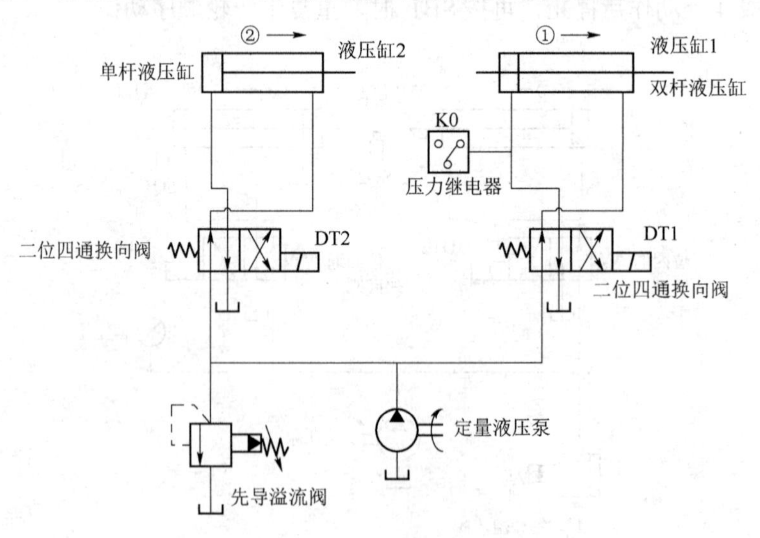

图 5-60　液压回路图

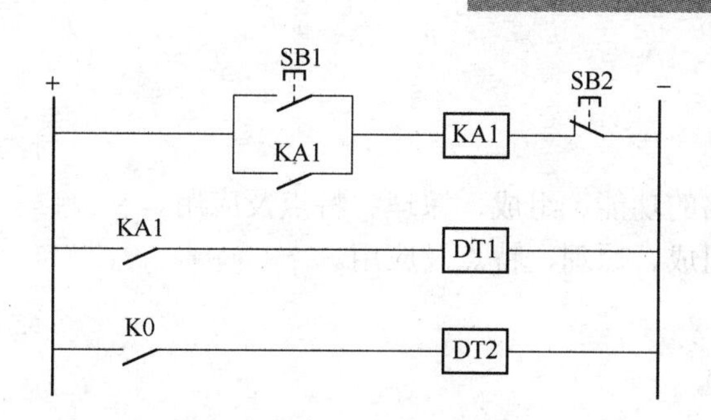

图 5-61　电路接线图

二、采用并联调速阀的同步回路

1. 实验目的

（1）了解同步回路的工作原理。
（2）完成使用调速阀并联的同步动作回路。

2. 实验元件

本实验所需的液压装置有定量液压泵、液压缸、二位四通换向阀、调速阀。

3. 实验内容

实验时按图 5-62、图 5-63 所示接好油路、电路，按 SB2 液压缸缩回，按 SB1 液压缸伸出，调节两个调速阀可使两油缸伸出的运动速度相同，但精度较差。

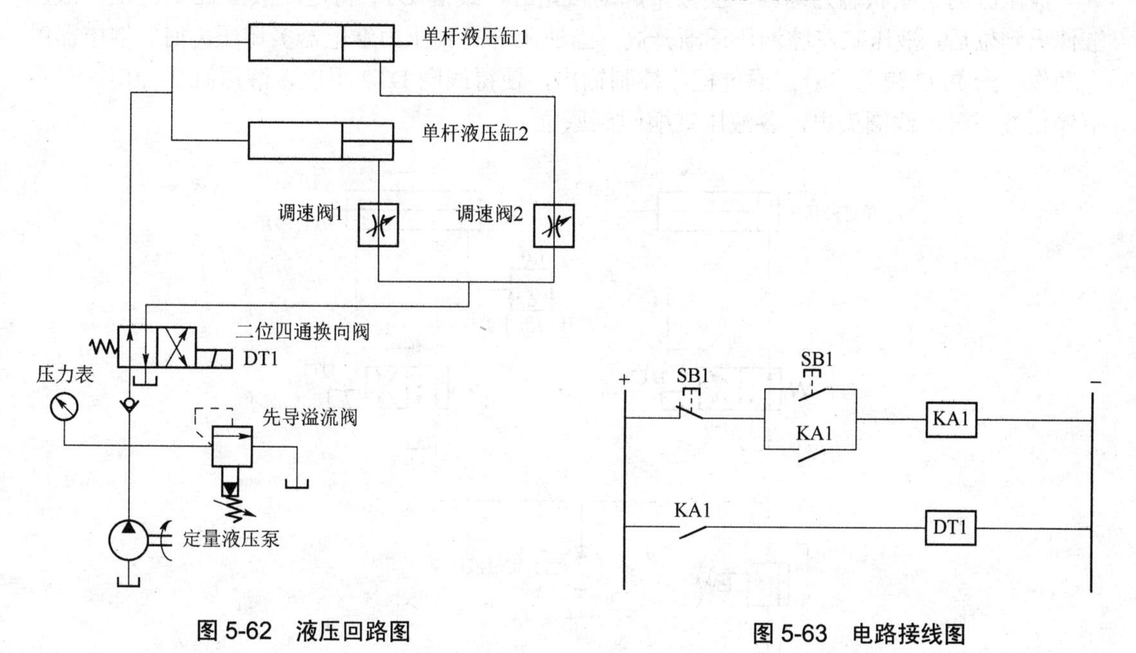

图 5-62　液压回路图

图 5-63　电路接线图

归纳总结

（1）顺序动作回路的功能、组成、原理、特点及应用。

（2）同步回路的组成、原理、特点及应用。

拓展提高

一、PLC 控制的压力继电器顺序动作回路

1. 实验目的

（1）掌握压力继电器的结构及工作原理。

（2）利用 PLC 控制的压力继电器完成顺序动作回路实验。

2. 实验元件

本实验所需的液压装置有定量液压泵、液压缸、二位四通换向阀、压力继电器。

3. 实验内容

按图 5-64、图 5-65 所示接好油路、电路。

I/O 地址分配：X1 压力继电器；X10 起动；X11 停止；

Y1 液压缸 1 伸出；Y2 液压缸 2 伸出。

液压缸的初始状态为缩回，当按下起动按钮时，线圈 DT1 得电，液压缸 1 伸出；液压缸伸出到位后，液压缸左腔油压逐渐升高，当油压升高到压力继电器多调压力时，继电器触点动作，给 PLC 输入信号；通过程序控制输出，使得线圈 DT2 得电，液压缸 2 伸出；当按下停止按钮时，线圈失电，各液压缸缩回到原位。

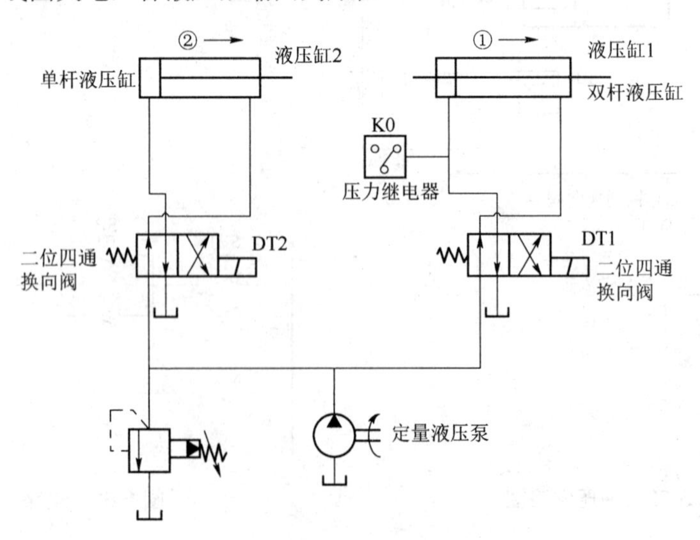

图 5-64　液压回路图

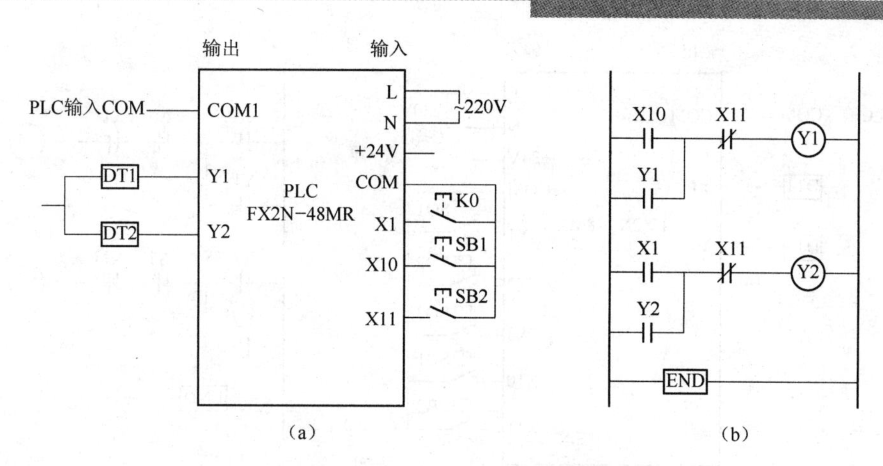

图 5-65　电路接线图和 PLC 程序图

（a）电路接线图；（b）PLC 程序图

二、PLC 控制的行程开关顺序动作回路

1. 实验目的

掌握利用 PLC 控制的行程开关顺序动作回路。

2. 实验元件

本实验所需的液压装置有定量液压泵、液压缸、二位四通换向阀、行程开关。

3. 实验内容

按图 5-66、图 5-67 接好油路、电路。

I/O 地址分配：X10 起动；X11 停止；X1 行程开关 SQ1；X2 行程开关 SQ2；X3 行程开关 SQ3。液压缸的初始状态为缩回，按下起动按钮 X10，Y1 得电输出信号，电磁线圈 DT1 得电，液压缸 1 伸出；当活塞杆碰到 SQ2 时，Y2 得电输出信号，电磁线圈 DT2 得电，液压缸 2 伸出；当活塞杆碰到 SQ3 时，Y1 失电，电磁线圈 DT1 失电，液压缸 1 缩回；当活塞杆碰到 SQ1 时，Y2 失电，电磁线圈 DT2 失电，液压缸 2 缩回，完成一个顺序动作。

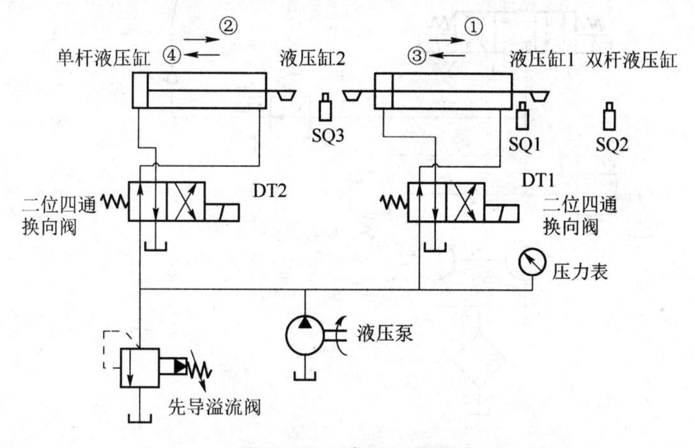

图 5-66　液压回路图

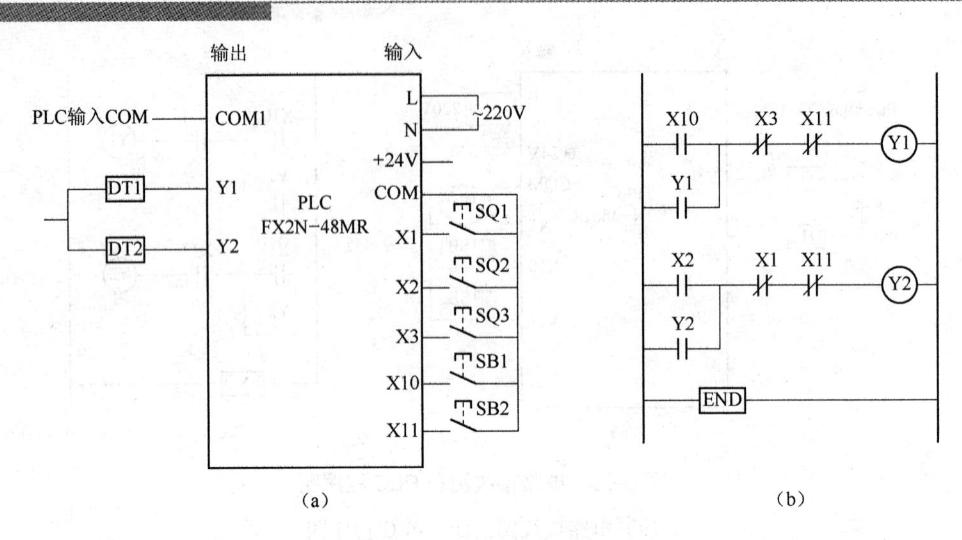

图 5-67　电路接线图

（a）I/O 分配图（b）PLC 程序图

练　习

一、题图 5-6 所示为专用铣床液压系统的原理图，其中液压系统中的夹紧缸和工作缸能实现原理图中所示的工作循环，请解答以下三点：

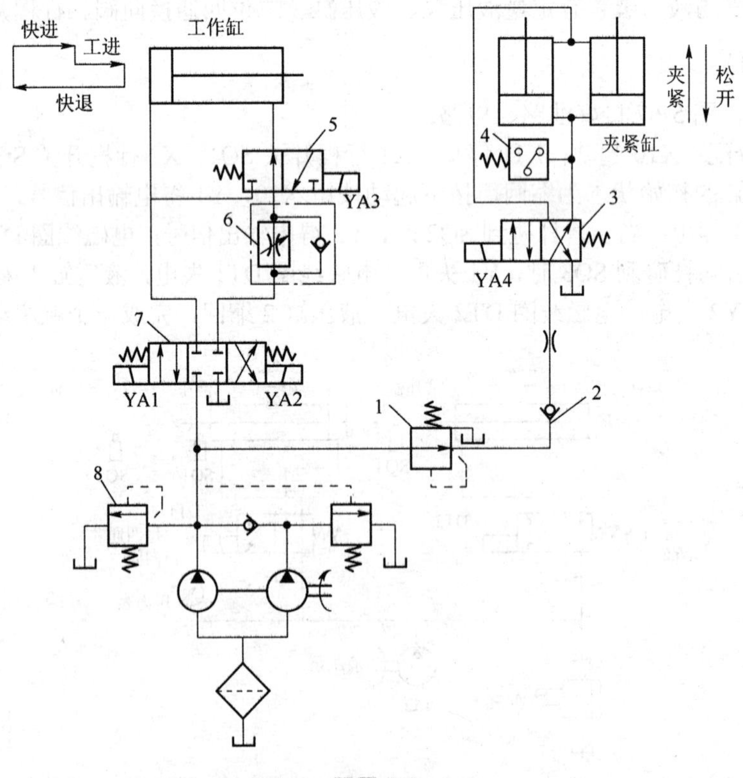

题图 5-6

（1）请写出液压系统原理图中液压元件的名称：

1：________ 2：________ 3：________ 4：________ 6：________ 7：________ 8：________

（2）填写电磁铁动作顺序表（题表 5-1）

题表 5-1

动作循环	电磁铁通断电			
	YA1	YA2	YA3	YA4
夹紧缸夹紧				
工作缸快进				
工作缸工进				
工作缸快退				
夹紧缸松开				

（3）回答问题：

① 夹紧缸为什么采用失电夹紧？

② 工作缸快进时的调速回路属于何种形式？

项目六　液压辅助元件的选用

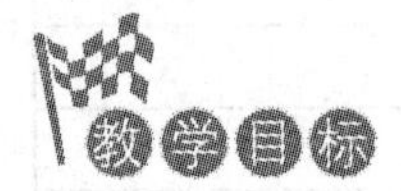

➢ 掌握液压辅件的结构和工作原理。
➢ 熟知液压辅助元件的使用方法及适用场合。

➢ 液压辅助元件的使用方法及适用场合。
➢ 滤油器的主要安装位置。
➢ 蓄能器的主要功用。

➢ 蓄能器的主要功用。

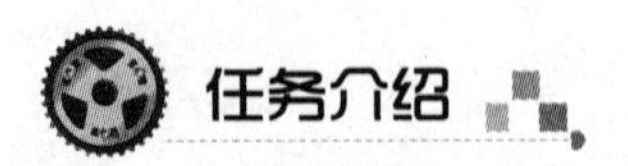

液压辅助元件有过滤器、蓄能器、管件、油箱和冷热交换器等，除油箱通常需要自行设计外，其余皆为标准件。液压辅助元件和液压元件一样，都是液压系统中不可缺少的组成部分。

本任务介绍了液压传动系统中的辅助元件——过滤器、蓄能器、管件、油箱和热交换器等的工作原理、结构及功用。

一、过滤器

（一）功用

液压系统中，约 80%的故障是液压油液的污染造成的。过滤器的功用是过滤混在液压油液中的灰尘、脏物、油液析出物、金属颗粒等杂质，降低进入系统中油液的污染程度，保证系统正常的工作，延长系统的使用寿命。

（二）过滤器的过滤精度

过滤器的过滤精度是指滤芯能够滤除的最小杂质颗粒的大小，以直径 d 作为公称尺寸表示，按精度可分为粗过滤器（d<100μm）、普通过滤器（d<10μm）、精过滤器（d<5μm）、特精过滤器（d<1μm）。各种液压系统的过滤精度要求如表 6-1 所示。

表 6-1　各种液压系统的过滤精度要求

系统类别	润滑系统	传动系统			伺服系统
工作压力（MPa）	0～2.5	＜14	14～32	＞32	≤21
精度 d（μm）	≤100	25～50	≤5	≤10	≤5

（三）过滤器的种类和结构

按滤芯的材料和结构形式，过滤器可分为网式、线隙式、纸质式及烧结式过滤器等。

1. 网式过滤器

如图 6-1 所示为网式过滤器结构及图形符号，其滤芯以铜网为过滤材料，在周围开有很多孔的塑料或金属筒形骨架上，包着一层或两层铜丝网，其过滤精度取决于铜网层数和网孔的大小。这种过滤器结构简单，通流能力大，清洗方便，但过滤精度低，一般用于液压泵的吸油口。

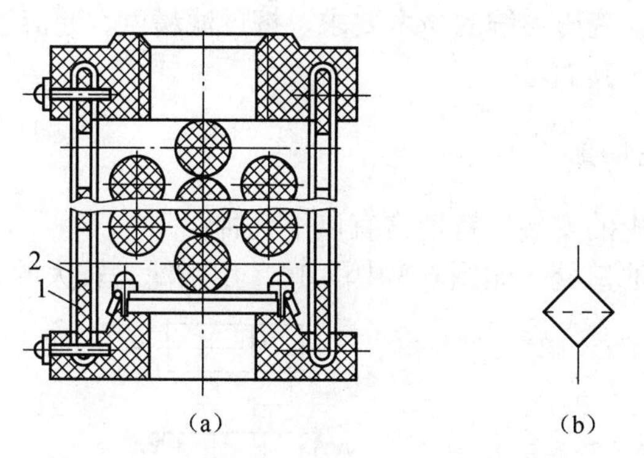

图 6-1　网式过滤器结构及图形符号

（a）结构；（b）图形符号
1—铜网；2—骨架

2. 烧结式过滤器

烧结式过滤器结构如图 6-2 所示，其滤芯用金属粉末烧结而成，利用颗粒间的微孔来挡住油液中的杂质通过。其滤芯能承受高压，抗腐蚀性好，过滤精度高，适用于要求精滤的高压、高温液压系统。

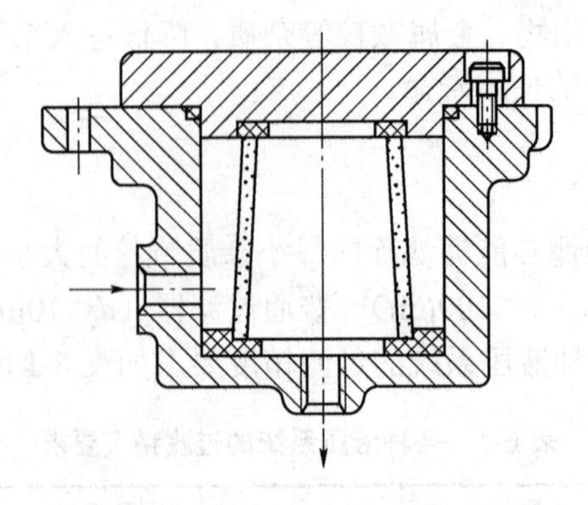

图 6-2　烧结式过滤器结构

（四）过滤器的选用原则

过滤器按其过滤精度（滤去杂质颗粒的大小）的不同，分为粗过滤器、普通过滤器、精密过滤器和特精过滤器四种，它们分别能滤去直径大于 100μm、10～100μm、5～10μm 和 1～5μm 的杂质。

选用过滤器时，要考虑下列几点：

（1）过滤精度应满足预定要求。

（2）能在较长时间内保持足够的通流能力。

（3）滤芯具有足够的强度，不因液压的作用而损坏。

（4）滤芯抗腐蚀性能好，能在规定的温度下持久地工作。

（5）滤芯清洗或更换简便。

因此，过滤器应根据液压系统的技术要求，按过滤精度、通流能力、工作压力、油液黏度、工作温度等条件选定其型号。

（五）过滤器的安装位置

过滤器在液压系统中的安装位置通常有以下几种：

（1）要装在泵的吸油口处（如图 6-3 中的 1），用来滤去较大的杂质微粒以保护液压泵。

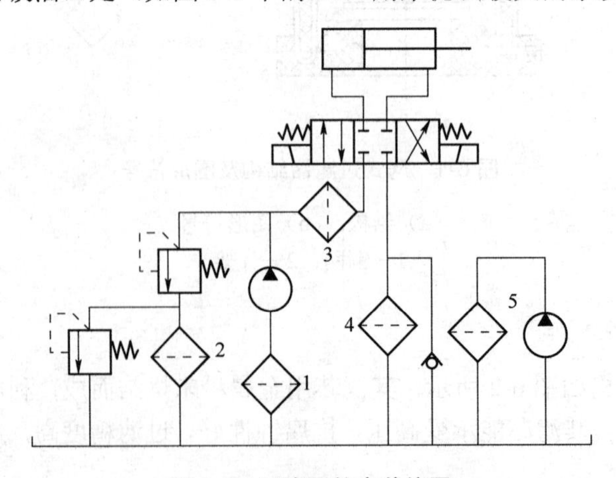

图 6-3　过滤器的安装位置

（2）安装在系统旁油路上，主要是装在溢流阀的回路上（如图 6-3 中的 2），这时过滤器通过的只是系统的部分流量。

（3）安装在泵的出口油路上（如图 6-3 中的 3），用来滤除可能侵入阀类等元件的污染物。

（4）安装在系统的回油路上（如图 6-3 中的 4），这种安装起间接过滤作用，而且允许过滤器有较大的压力损失。

（5）单独过滤系统（如图 6-3 中的 5），即液压泵和过滤器组成独立过滤回路，它与主系统互不干扰，可以不断地清除系统中的杂质。单独过滤系统适用于大型机械的液压系统。

二、蓄能器

（一）蓄能器的工作原理

蓄能器的功用主要是储存油液多余的压力能，并在需要时释放出来。蓄能器的结构有重力式、弹簧式和充气式等几种。目前常用的是利用气体压缩和膨胀来储存、释放液压能的充气式蓄能器。

充气式蓄能器中气体和油液用皮囊隔开。如图 6-4 所示是皮囊式充气蓄能器，皮囊 2 用耐油橡胶制成，固定在耐高压的壳体 1 的上部，皮囊内充入惰性气体，壳体下端的提升阀 4 由弹簧加菌形阀构成，压力油由此通入，并能在油液全部排出时，防止皮囊膨胀挤出油口。这种结构使气、液密封可靠，它的应用范围非常广泛，其弱点是工艺性较差。

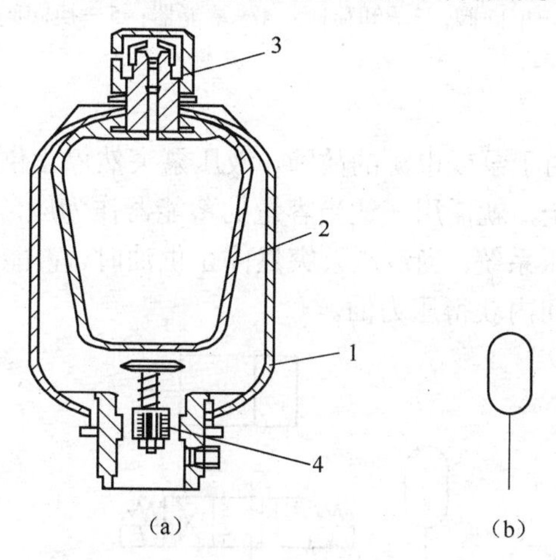

图 6-4　皮囊式蓄能器结构及图形符号

（a）结构；（b）图形符号

1—壳体；2—皮囊；3—充气阀；4—提升阀

（二）蓄能器的应用

1. 辅助动力源

蓄能器最常见的用途是作为辅助动力源。图 6-5 所示为回路，在工作循环中，当液压缸慢进和保压时，蓄能器把液压泵输出的压力油储存起来，达到设定压力后，卸荷阀打开，泵卸荷；当液压缸在快速进退时，蓄能器与泵一起向液压缸供油，完成一个工作循环。这里，蓄能器的容量要保证其提供的流量加上液压泵的流量能够满足工作循环的流量要求，并能在循环之间重新充够油液。因此，在系统设计时可按平均流量选用较小流量规格的泵。

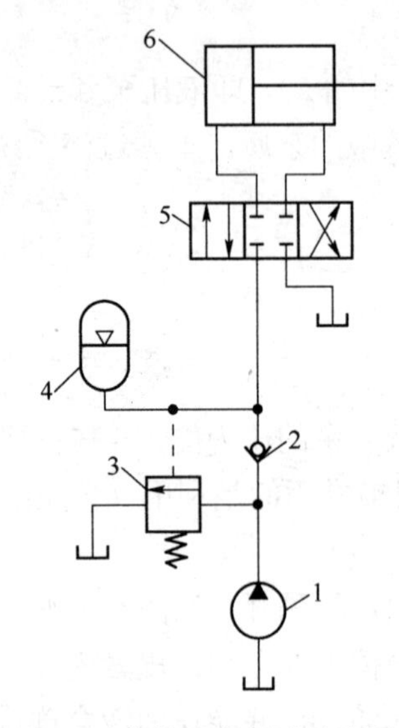

图 6-5 蓄能器作辅助动力源

1—液压泵；2—单向阀；3—卸荷阀；4—蓄能器；5—换向阀；6—液压缸

2. 应急动力源

当液压系统工作时，由于泵或电源的故障，液压泵突然停止供油会引起事故。对于重要的系统，为了确保工作安全，就需用一适当容量的蓄能器作为应急动力源。图 6-6 所示为用蓄能器作应急动力源的液压系统。当液压泵突然停止供油时，蓄能器便将其储存的压力油放出，使系统继续在一段时间内获得压力油。

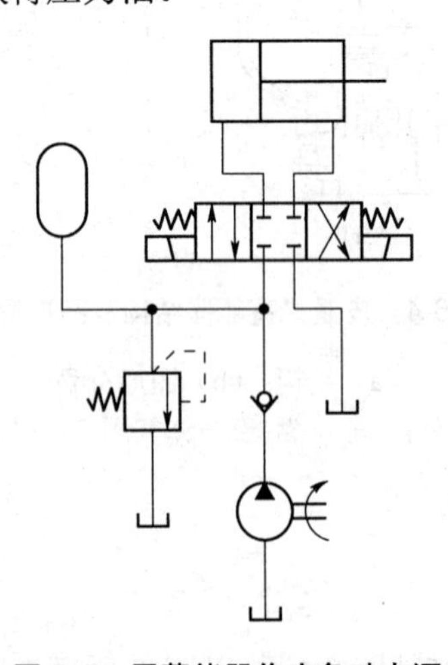

图 6-6 用蓄能器作应急动力源

3. 保压装置

在液压系统的保压回路中采用蓄能器，在实现保压时，液压泵卸荷，由蓄能器把原来储存的压力油不断释放出来，补偿系统泄漏，以维持系统压力。如图 6-7 所示是蓄能器用于夹紧油路的情况，图中单向阀用来防止液压泵卸荷时蓄能器的压力油回流溢流阀。当由于泄漏，蓄能器压力降低时，溢流阀复位，液压泵重新向蓄能器供油。这样可以大大减少电动机的功率损耗，降低系统温升。

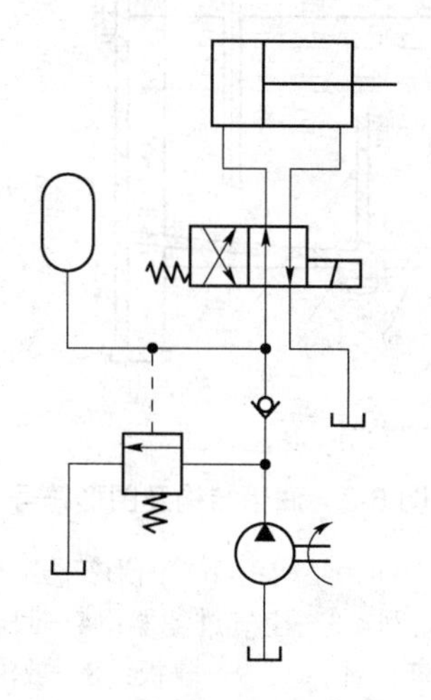

图 6-7　蓄能器用于系统保压

4. 吸收压力脉动和液压冲击

对于由液压缸的突然停止或换向，换向阀的突然关闭或换向以及液压泵的突然起、停所引起的液压冲击，可采用蓄能器来吸收，避免冲击压力过高时造成元件的损坏。对于一些要求液压泵供油压力恒定的液压系统，可在液压泵的出口处安装蓄能器，以吸收液压泵的压力脉动。用来吸收冲击压力的蓄能器应尽可能安装在靠近冲击源的地方，如图 6-8 所示。

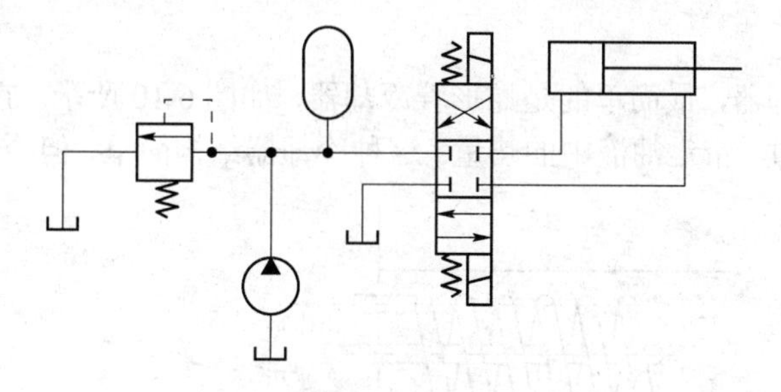

图 6-8　蓄能器用于吸收冲击压力

三、油箱

油箱的功用是储存工作介质，散发系统工作中产生的热量，分离油液中混入的空气，沉淀污染物及杂质。

油箱的典型结构如图 6-9 所示，油箱内部用隔板 7、9 将吸油管 1 与回油管 4 隔开。顶部、侧部和底部分别装有过滤网 2、液位计 6 和排放污油的放油阀 8。安装液压泵及其驱动电动机的安装板 5 则固定在油箱顶面上。

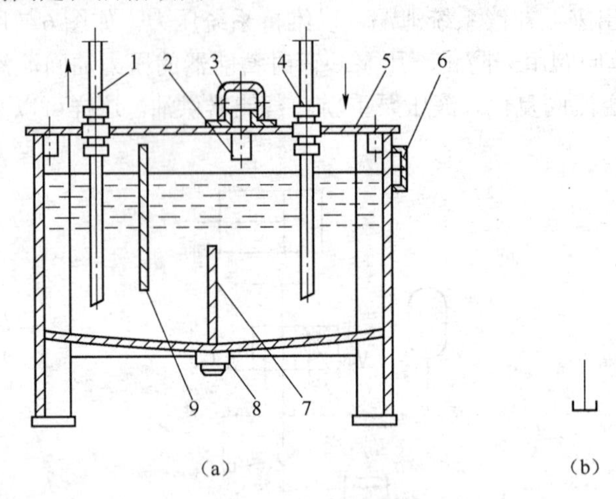

图 6-9　油箱结构及图形符号

（a）结构；（b）图形符号

1—吸油管；2—过滤网；3—空气过滤器；4—回油管；5—安装板；

6—液位计；7、9—隔板；8—放油阀

四、冷热交换器

液压系统的工作温度一般希望保持在 30～50℃的范围之内，最高不超过 65℃，最低不低于 15℃。液压系统如依靠自然冷却仍不能使油温控制在上述范围内时，就须安装冷却器；反之，如环境温度太低无法使液压泵起动或正常运转时，就须安装加热器。

（一）冷却器

液压系统中的冷却器，最简单的是蛇形管冷却器，如图 6-10 所示。它直接装在油箱内，冷却水从蛇形管内部通过，带走油液中的热量。这种冷却器结构简单，但冷却效率低，耗水量大。

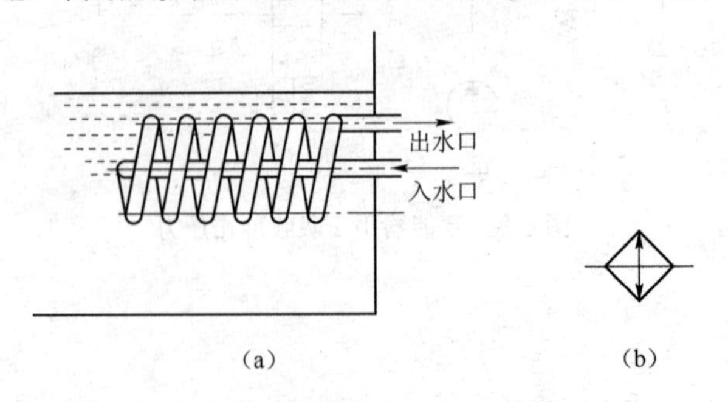

图 6-10　蛇形管冷却器工作原理及图形符号

（a）工作原理；（b）图形符号

（二）加热器

液压系统的加热一般采用结构简单，能按需要自动调节最高和最低温度的电加热器，这种加热器的安装方式如图 6-11 所示。它用法兰盘水平安装在油箱侧壁上，发热部分全部浸在油液内，加热器应安装在油液流动处，以利于热量的交换。由于油液是热的不良导体，单个加热器的功率容量不能太大，以免其周围油液的温度过高而发生变质现象。

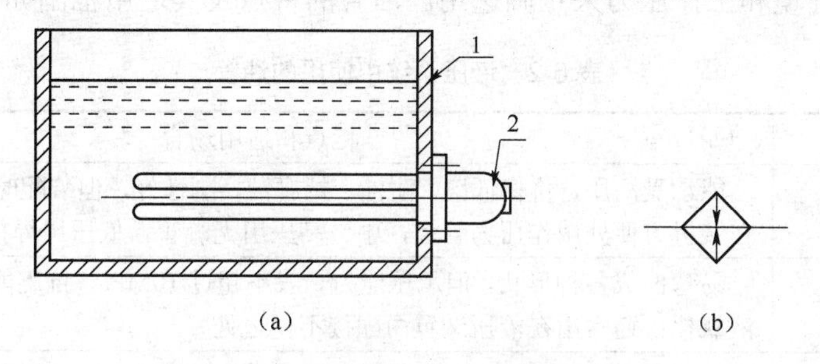

图 6-11　加热器的安装方式及图形符号

（a）安装方式；（b）图形符号

1—油箱；2—电加热器

五、压力表

压力表用于观测液压系统和各局部回路的压力大小。常用的压力表是弹簧式的，如图 6-12 所示。工作原理：是当压力油进入弹簧弯管 4 时，管端产生变形，从而推动杠杆 1 使扇形齿轮 2 与小齿轮 3 啮合，小齿轮又带动指针 5 旋转，在刻度盘 6 上标示出油液的压力值。

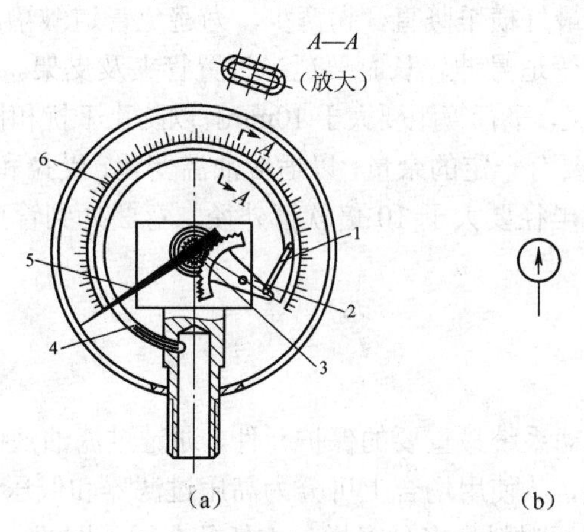

图 6-12　弹簧式压力表及图形符号

（a）压力表；（b）图形符号

1—杠杆；2—扇形齿轮；3—小齿轮；4—弹簧弯管；5—指针；6—刻度盘

六、油管

（一）油管种类

液压系统中使用的油管种类很多，有钢管、铜管、尼龙管、塑料管、橡胶管等，须按照安装位置、工作环境和工作压力来正确选用。油管的特点及其适用范围如表 6-2 所示。

表 6-2　液压系统中使用的油管

种类		特点和适用场合
硬管	钢管	能承受高压，价格低廉，耐油，抗腐蚀，刚性好，但装配时不能任意弯曲；常在装拆方便处用作压力管道，中、高压用无缝管，低压用焊接管
	紫铜管	易弯曲成各种形状，但承压能力一般不超过 10MPa，抗震能力较弱，又易使油液氧化；通常用在液压装置内配接不便之处
软管	尼龙管	乳白色半透明，加热后可以随意弯曲成形或扩口，冷却后又能定形不变，承压能力因材质而异，自 2.5～8MPa 不等
	塑料管	质轻耐油，价格便宜，装配方便，但承压能力低，长期使用会变质老化，只宜用作压力低于 0.5MPa 的回油管、泄油管等
	橡胶管	高压管由耐油橡胶夹几层钢丝编织网制成，钢丝网层数越多，耐压越高，价格昂贵，用作中、高压系统中两个相对运动件之间的压力管道 低压管由耐油橡胶夹帆布制成，可用作回油管道

（二）管道的安装要求

（1）管道应尽量短，最好横平竖直，拐弯少，为避免管道皱褶，减少压力损失，管道装配的弯曲半径要足够大，管道悬伸较长时要适当设置管夹及支架。

（2）管道尽量避免交叉，平行管距要大于 10mm，以防止干扰和振动，并便于安装管接头。

（3）软管直线安装时要有一定的余量，以适应油温变化、受拉和振动产生的-2%～+4%的长度变化的需要。弯曲半径要大于 10 倍软管外径，弯曲处到管接头的距离至少等于 6 倍外径。

归纳总结

（1）过滤器是液压传动系统最重要的保护元件，通过过滤油液中的杂质来确保液压元件及系统不受污染物的侵袭，从使用场合上可分为高压过滤器和低压过滤器，从过滤精度可分为粗滤器和精滤器。过滤器材料也多种多样，本任务介绍了网式、烧结式滤油器的结构。

（2）蓄能器在大型及高精度液压系统占有重要的地位，通常用于吸收脉动、冲击及作为液压系统的辅助油源。

（3）油箱作为一非标辅件，根据不同情况进行设计，主要用于传动介质的储存、供应、回收、沉淀、散热等。

（4）冷热交换器包括加热器和冷却器，它们的功能是使液压传动介质处在设定的温度范围内，以提高传动质量。

（5）管件是液压系统各元件间传递流体动力的纽带，根据输送流体的压力、流量及使用场合选用不同的管件。

练　习

一、填空题

1. 液压系统的故障大多数是________引起的。

2. 蓄能器的基本类型包括________、________和________，其主要功用有________、________、________。

3. 油箱的作用是用来________、________及________。

4. 液压系统的最佳工作温度为________。

二、简答题

1. 试列举系统中滤油器的安装位置及其各自的作用。

2. 简述蓄能器在液压系统中的功用。蓄能器在安装使用中应注意哪些问题？

3. 简述油箱的功用及设计时应注意的问题。

4. 简述各种油管的特点及使用场合。

项目七　液压系统的工作原理、调试及故障排除

- 掌握各液压元件在系统中的作用和各种基本回路的组成。
- 掌握分析液压系统的方法和步骤。

- 组合机床动力滑台液压系统的组成、工作原理。
- 液压系统的检测。

- 组合机床动力滑台液压系统的组成、工作原理。

任务一　组合机床动力滑台液压系统的工作原理及调试

任务介绍

近年来，液压传动技术已广泛应用于工程机械、起重运输机械、机械制造业、冶金机械、矿山机械、建筑机械、农业机械、轻工机械、航空航天等领域。由于液压系统所服务的主机的工作循环、动作特点等各不相同，相应的各液压系统的组成、作用和特点也不尽相同。通过对典型液压系统的分析，进一步熟悉各液压元件在系统中的作用和各种基本回路的组成，并掌握分析液压系统的方法和步骤。

任务分析

液压技术广泛应用于国民经济各个部门和各个行业，不同行业的液压机械，它的工况特

点、动作循环、工作要求、控制方式等差别很大。但一台机器设备的液压系统无论有多复杂，都是由若干个基本回路组成，基本回路的特性也就决定了整个系统的特性。本任务通过介绍两种不同类型的液压系统，使大家能够掌握分析液压系统的一般步骤和方法。实际设备的液压系统往往比较复杂，要想真正读懂并非一件容易的事情，必须要按照一定的方法和步骤循序渐进，分块进行、逐步完成。读图的大致步骤如下：

（1）首先要认真分析该液压设备的工作原理、性能特点，了解设备对液压系统的工作要求。

（2）根据设备对液压系统执行元件动作循环的具体要求，从液压泵到执行元件（液压缸或液压马达）和从执行元件到液压泵双向同时进行，按油路的走向初步阅读液压系统原理图，寻找它们的连接关系，以执行元件为中心将系统分解成若干子系统。读图时要按照先读控制油路后读主油路的读图顺序进行。

（3）按照系统中组成的基本回路（如换向回路、调速回路、压力控制回路等）来分解系统的功能，并根据设备各执行元件间的互锁、同步、顺序动作和防干扰等要求，全面读懂液压系统原理图。

（4）分析液压系统性能的优劣，总结归纳系统的特点，以加深对系统的了解。

相关知识

一、组合机床和动力滑台

组合机床是一种由通用部件和部分专用部件组合而成的高效、工序集中的专用机床，具有加工能力强、自动化程度高、经济性好等优点。动力滑台是组合机床上实现进给运动的一种通用部件，配上动力头和主轴箱可以完成钻、扩、铰、镗、铣、攻螺纹等工序，能加工孔和端面。动力滑台广泛应用于大批量生产的流水线。卧式组合机床的结构如图 7-1 所示。

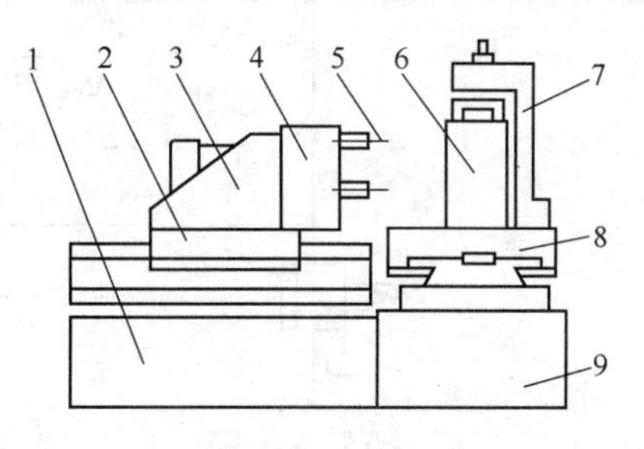

图 7-1　卧式组合机床

1—床身；2—动力滑台；3—动力头；4—主轴箱；5—刀具；6—工件；7—夹具；8—工作台；9—底座

组合机床一般为多刀加工，切削负载变化大，快慢速差异大。要求切削时速度低而平稳；空行程进退速度快；快慢速度转换平稳；系统效率高，发热少，功率利用合理。液压系统应满足上述要求。

液压动力滑台有不同的规格，但其液压系统的组成和工作原理基本相同。其进给速度范围 v=6.6~660mm/min，最大进给力为 45kN。该系统采用限压式变量泵供油，电液换向阀换向，快进由液压缸差动连接来实现，用行程阀实现快进与工进的转换。为了保证进给的尺寸精度，采用死挡铁停留来限位。这个液压系统可以实现多种自动工作循环。如：

（1）快进→工进→死挡停→快退→原停。

（2）快进→Ⅰ工进→Ⅱ工进→死挡停→快退→原停。

（3）快进→工进→快进→工进→快退→原停。

下面以典型的二次工作进给并有死挡铁停留的自动工作循环为例，说明该系统的工作原理。

二、YT4543 型动力滑台液压系统工作原理

图 7-2 所示是 YT4543 型动力滑台的液压系统图，该滑台由液压缸驱动，系统用限压式变量叶片泵供油，三位五通电液换向阀换向，用液压缸差动连接实现快进，用调速阀调节实现工进，由 2 个调速阀串联、电磁铁控制实现Ⅰ工进和Ⅱ工进转换，用死挡铁保证进给的位置精度。可见，系统能够实现快进→Ⅰ工进→Ⅱ工进→死挡铁停留→快退→原位停止。表 7-1 所示为该滑台的动作循环表（表中“+”表示电磁铁得电）。具体工作情况如下。

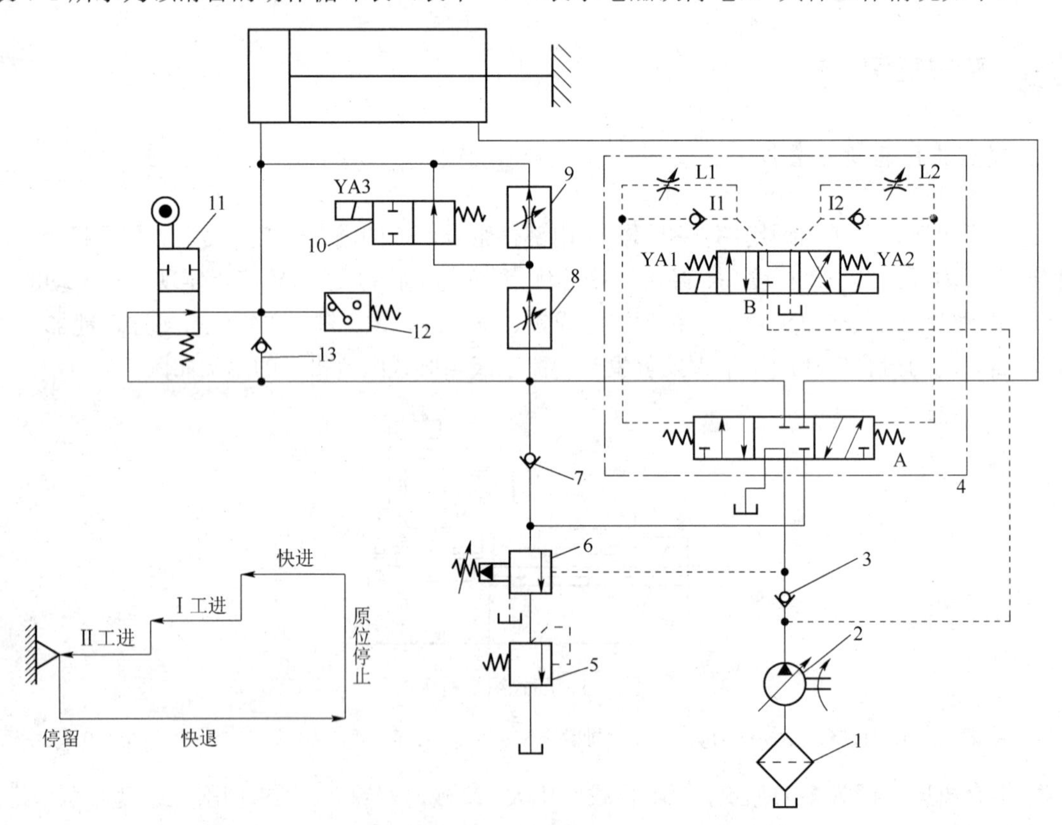

图 7-2　YT4543 型动力滑台液压系统图

1—过滤器；2—限压式变量叶片泵；3、7、13—单向阀；4—电液换向阀；5—背压阀；6—液控顺序阀；8、9—调速阀；10—电磁换向阀；11—行程阀；12—压力继电器

表 7-1　YT4543 型动力滑台液压系统动作循环表

液压缸工作循环	信号来源	电磁铁工作状态			液压元件工作状态				
		1YA	2YA	3YA	顺序阀 6	先导阀 B	主阀 A	电磁阀 10	行程阀 11
快进	人工起动按钮	+	−	−	关闭	左位	左位	右位	下位
Ⅰ工进	挡块压下行程阀 11	+	−	−	打开				上位
Ⅱ工进	挡块压下行程开关	+	−	+				左位	
死挡铁停留	滑台靠压在死挡块处	+	−	+					
快退	压力继电器发出信号	−	+	−	关闭	右位	右位		下位
停止	挡块压下终点开关	−	−	−		中位	中位	右位	

（一）快进

人工按下自动循环起动按钮，使电磁铁 YA1 得电，电液换向阀中的先导阀 B 左位接入系统，在控制油路驱动下，液动换向阀 A 左位接入系统，系统开始实现快进。由于快进时滑台上无工作负载，液压系统只需克服滑台上负载的惯性力和导轨的摩擦力，泵的出口压力很低，使限压式变量叶片泵处于最大偏心距状态，输出最大流量，外控式顺序阀（液控顺序阀）6 处于关闭状态，通过单向阀 7 的单向导通和行程阀 11 下位接入系统，使液压缸处于差动连接状态，实现快进。这时油路的流动情况为如下。

（1）控制油路。

进油路：过滤器 1→泵 2→阀 B（左位）→单向阀 I1→阀 A 左端。

回油路：阀 A 右端→节流阀 L2→阀 B（左位）→油箱。

（2）主油路。

进油路：过滤器 1→泵 2→单向阀 3→阀 A（左位）→行程阀 11 下位→液压缸左腔。

回油路：液压缸右腔→阀 A（左位）→单向阀 7→行程阀 11 下位→液压缸左腔。

（二）Ⅰ工进

当滑台快进到预定位置时，滑台上的行程挡块压下行程阀 11，使行程阀右位接入系统，切断了快进油路。电液换向阀 4 的工作状态不变，控制油路因而没有变化。而主油路中，压力油只能通过调速阀 8 和电磁换向阀 10（右位）进入液压缸左侧。由于油液流经调速阀而使液压系统压力升高，液控顺序阀开启，单向阀 7 关闭，液压缸右侧的油液经液控顺序阀 6 和背压阀 5 流回油箱。同时，泵 2 的流量也自动减小。滑台实现由调速阀 8 调速的第一次工作进给。

这时主油路的流动情况如下。

进油路：过滤器 1→泵 2→单向阀 3→阀 A（左位）→阀 8→阀 10（右位）→液压缸左腔。

回油路：液压缸右腔→阀 A（左位）→阀 6→背压阀 5→油箱。

（三）Ⅱ工进

当滑台第一次工作进给结束时，装在滑台上的另一个行程挡块压下一行程开关，使电磁铁 YA3 得电，电磁换向阀 10 左位接入系统，压力油经调速阀 8、调速阀 9 后进入液压缸左腔，此时，系统仍然处于容积节流调速状态，第二次工进开始。由于调速阀 9 的开口比调速阀 8 小，使系统工作压力进一步升高，限压式变量叶片泵 2 的输出流量进一步减少，滑台的进给速度降低。

（四）进给终点停留

当滑台以Ⅱ工进速度运动到终点时，碰上事先调整好的死挡块，使滑台不能继续前进，被迫停留。由于液压缸左腔压力的升高，当达到压力继电器 12 动作并发出信号给时间继电器，经过时间继电器的延时处理，使滑台在死挡铁停留一定时间后开始下一个动作。

（五）快退

当滑台停留一定时间后，时间继电器发出快退信号，使电磁铁 YA2 得电，YA1、YA3 断电，先导阀 B 右位接入系统，控制油路换向，使液动阀 A 右位接入系统，因而主油路换向。由于此时滑台没有外负载，系统压力下降，限压式变量液压泵 2 的流量又自动增至最大，有杆腔进油、无杆腔回油，使滑台实现快速退回。这时油路的流动情况如下

（1）控制油路。

进油路：过滤器 1→泵 2→阀 B（右位）→单向阀 I2→阀 A 右端。

回油路：阀 A 左端→节流阀 L1→阀 B（右位）→油箱。

（2）主油路。

进油路：过滤器 1→泵 2→单向阀 3→阀 A（右位）→液压缸右腔。

回油路：液压缸左腔→阀 13→阀 A（右）→油箱。

（六）原位停止

当滑台快退到原位时，另一个行程挡块压下原位行程开关，使电磁铁 2YA 断电，先导阀 A 在对中弹簧作用下处于中位，液动阀 B 左右两边的控制油路都通油箱，因而液动阀 B 也在其对中弹簧作用下回到中位，液压缸两腔封闭，滑台停止运动，泵 2 卸荷。此时，油路的流动情况如下。

控制油路

回油路：阀 A（左位）→节流阀 L1→阀 B（中位）→油箱；

阀 A（右位）→节流阀 L2→阀 B（右位）→油箱。

主油路

进油路：过滤器 1→泵 2→单向阀 3→阀 B（中位）→油箱。

单向阀 3 的作用是使滑台在原位停止时，控制油路仍保持一定的控制压力（低压），以便能迅速起动。

三、YT4543 型动力滑台液压系统的特点

由以上分析看出，该液压系统主要由以下一些基本回路组成：由限压式变量液压泵、调

速阀和背压阀组成的容积节流调速回路；液压缸差动连接的快速运动回路；电液换向阀的换向回路；由行程阀、电磁阀、顺序阀、两个调速阀等组成的快慢速换接回路；采用电液换向阀M型中位机能和单向阀的卸荷回路等。该液压系统的主要性能特点如下：

（1）采用了限压式变量液压泵和调速阀组成的容积节流调速回路，它能保证液压缸稳定的低速运动、较好的速度刚性和较大的调速范围。回油路上的背压阀除了防止空气渗入系统外，还可使滑台承受一定的负值负载。

（2）系统采用了限压式变量液压泵和液压缸差动连接实现快进，得到较大的快进速度，能量利用也比较合理。滑台工作间歇停止时，系统采用单向阀和 M 型中位机能换向阀串联使液压泵卸荷，既减少了能量损耗，又使控制油路保持一定的压力，保证下一工作循环的顺利起动。

（3）系统采用行程阀和外控顺序阀实现快进与工进的转换，不仅简化了油路，而且使动作可靠，换接位置精度较高。两次工进速度的换接采用结构简单、灵活的电磁阀，保证了换接精度，避免换接时滑台前冲，采用死挡块作限位装置，定位准确、可靠，重复精度高。

（4）系统采用换向时间可调的三位五通电液换向阀来切换主油路，使滑台的换向平稳，冲击和噪声小。同时，电液换向阀的五通结构使滑台进和退时分别从两条油路回油，这样滑台快退时系统没有背压，减少了压力损失。

液压系统调试

液压设备安装、循环冲洗合格后，要对液压系统进行必要的调整试车，使其在满足各项技术参数的前提下，按实际生产工艺要求进行必要的调整，使其在重负荷情况下也能运转正常。

一、液压系统调试前的准备工作

（1）需调试的液压系统必须在循环冲洗合格后，方可进入调试状态。

（2）液压驱动的主机设备全部安装完毕，运动部件状态良好并经检查合格后，进入调试状态。

（3）控制液压系统的电气设备及线路全部安装完毕并检查合格。

（4）熟悉调试所需技术文件，如液压原理图、管路安装图、系统使用说明书、系统调试说明书等。根据以上技术文件，检查管路连接是否正确、可靠，选用的油液是否符合技术文件的要求，油箱内油位是否达到规定高度，根据原理图、装配图认定各液压元器件的位置。

（5）清除主机及液压设备周围的杂物，调试现场应有必要明显的安全设施和标志，并由专人负责管理。

二、液压系统调试步骤

（一）调试前的检查

（1）根据系统原理图、装配图及配管图检查并确认每个液压缸由哪个支路的电磁阀操纵。

（2）电磁阀分别进行空载换向，确认电气动作是否正确、灵活，符合动作顺序要求。

（3）将泵吸油管、回油管路上的截止阀开启，泵出口溢流阀及系统中安全阀手柄全部松开；将减压阀置于最低压力位置。

（4）流量控制阀置于小开口位置。

（二）起动液压泵

（1）用手盘动电动机和液压泵之间的联轴器，确认无干涉并转动灵活。

（2）点动电动机，检查判定电动机转向是否与液压泵转向标志一致，确认后连续点动几次，无异常情况后按下电动机起动按钮，液压泵开始工作。

（三）系统排气

起动液压泵后，将系统压力调到 1.0MPa 左右，分别控制电磁阀换向，使油液分别循环到各支路中，拧动管道上设置的排气阀，将管道中的气体排出；当油液连续溢出时，关闭排气阀。液压缸排气时可将液压缸活塞杆伸出侧的排气阀打开，电磁阀动作，活塞杆运动，将空气挤出，升到上止点时，关闭排气阀。打开另一侧排气阀，使液压缸下行，排出无杆腔中的空气，重复上述排气方法，直到将液压缸中的空气排净为止。

（四）系统耐压试验

系统耐压试验主要是对现场管路进行的，液压设备的耐压试验应在制造厂进行。对于液压管路，耐压试验的压力应为最高工作压力的 1.5 倍。如系统自身液压泵可以达到耐压值，可不必使用电动试压泵。升压过程中应逐渐分段进行，不可一次达到峰值，每升高一级，应保持几分钟，并观察管路是否正常。试压过程中严禁操纵换向阀。

（五）空载调试

试压结束后，将系统压力恢复到准备调试状态，然后按调试说明书中规定的内容，分别对系统的压力、流量、速度、行程进行调整与设定，可逐个支路按先手动后电动的顺序进行。手动调整结束后，应在设备机、电、液单独无负载试车完毕后，开始进行空载联动试车。

（六）负载试车

设备开始运行后，应逐渐加大负载，如情况正常，才能进行最大负载试车。最大负载试车成功后，应及时检查系统的工作情况是否正常，对压力、噪声、振动、速度、温升、液位等进行全面检查，并根据试车要求做出记录。

归纳总结

通过前面基本回路的学习，结合本章典型液压系统的读图方法和分析步骤，要求能读懂一般的液压系统实例，能分析系统的特点和各种元件在系统中的作用。

练　习

YT4543 型动力滑台液压系统是由哪些基本液压回路组成？单向阀 12 在油路中起什么作用？

任务二　注塑机液压系统的工作原理及故障排除

任务介绍

注塑机是塑料注射成型机的简称，是热塑性塑料制品的成型加工设备。它将颗粒塑料加热熔化后，在高压下快速注入模腔，经一定时间的保压、冷却后成型就能制成相应的塑料制品。由于注塑机具有复杂制品一次成型的能力，因此在塑料机械中，它的应用非常广。

任务分析

注塑机是一种通用设备，通过它与不同专用注射模具配套使用，能够生产出多种类型的塑料制品。注塑机主要由机架，动静模板，合模保压部件，预塑、注射部件，液压系统，电气控制系统等部件组成。注塑机的动模板和静模板用来成对安装不同类型的专用注射模具。合模保压部件有两种结构形式，一种是用液压缸直接推动动模板工作，另一种是用液压缸推动机械机构，再驱动动模板工作（机液联合式）。注塑机整个工作过程中运动复杂、动作多变、系统压力变化大。

注塑机的工作循环过程一般如下：

合模→注射座前进→注射→保压→［冷却／预塑］→注射座后退→开模→顶出制品→顶出缸后退→合模

以上动作分别由合模缸、注射座移动缸、预塑液压马达、注射缸、顶出缸完成。

注塑机液压系统要求有足够的合模力、可调节的合模开模速度、可调节的注射压力和注射速度、保压及可调的保压压力，系统还应设置安全联锁装置。

相关知识

一、液压系统工作原理

图 7-3 所示为 250g 注塑机液压系统原理图。该机每次最大注射量为 250g，属于中小型注塑机。该注塑机各执行元件的动作循环主要依靠行程开关切换电磁换向阀来实现。电磁铁动作顺序如表 7-2 所示。

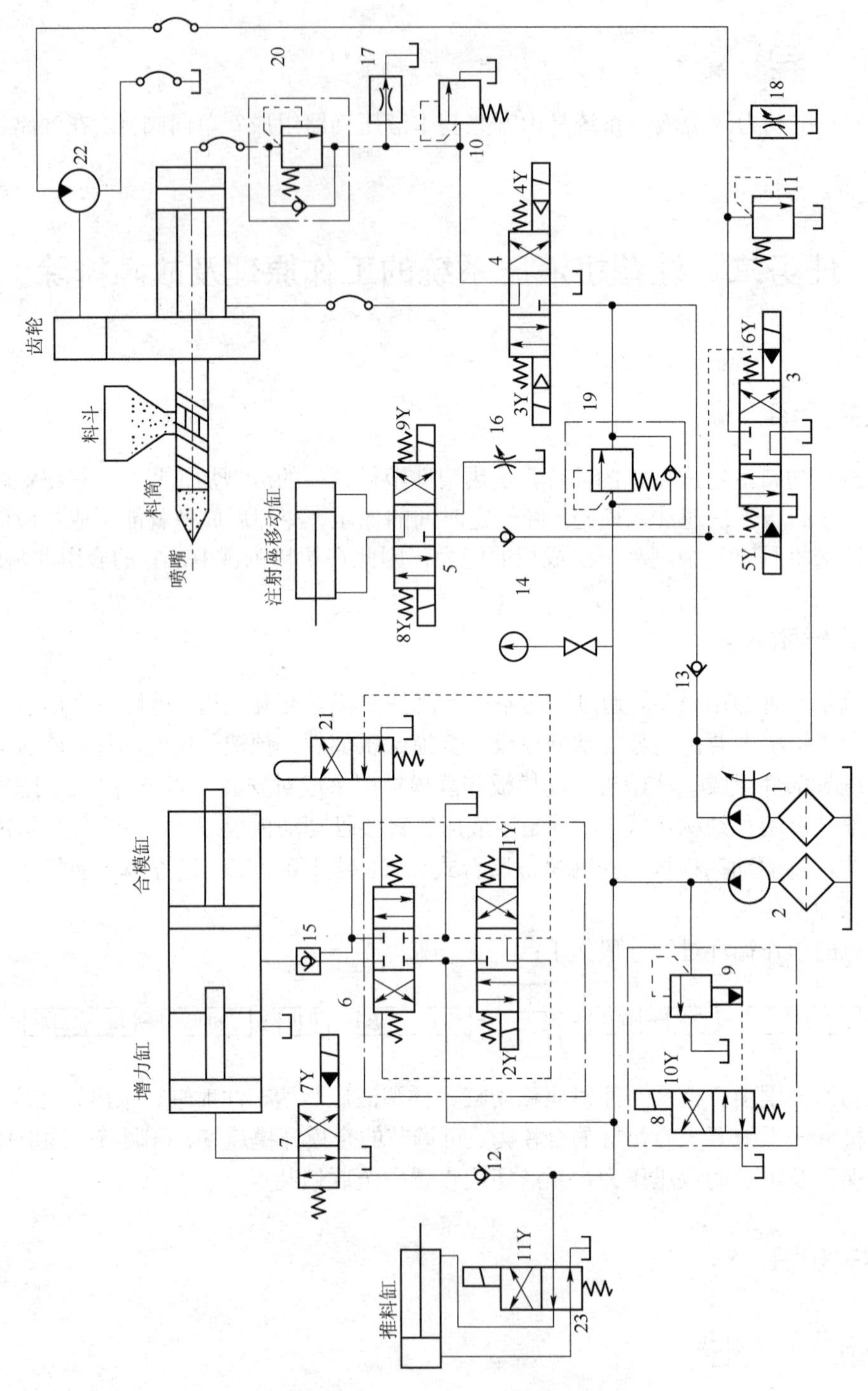

图 7-3　250g 注塑机液压系统原理图

1—大流量液压泵；2—小流量液压泵；3、4、6、7—电液换向阀；5、8、23—电磁换向阀；9、10、11—溢流阀；12、13、14—单向阀；15—液控单向阀；16—节流阀；17、18—调速阀；19、20—单向顺序阀；21—行程阀；22-液压马达

表 7-2　250g 注塑机液压系统原理图电磁铁动作表

动作程序		1Y	2Y	3Y	4Y	5Y	6Y	7Y	8Y	9Y	10Y	11Y
合模	启动慢移	+	−	−	−	−	−	−	−	−	+	−
	快速合模	+	−	−	−	+	−	−	−	−	+	−
	增压锁模	+	−	−	−	−	−	+	−	−	+	−
注射座整体快移		−	−	−	−	−	−	+	−	+	+	−
注射		−	−	−	+	+	−	+	−	+	+	−
注射保压		−	−	−	+	−	−	+	−	+	+	−
减压排气		−	+	−	−	−	−	−	−	+	+	−
再增压		+	−	−	−	−	−	+	−	+	+	−
预塑进料		−	−	−	−	−	+	+	−	+	+	−
注射座后移		−	−	−	−	−	−	−	+	−	+	−
开模	慢速开模	+	−	−	−	−	−	−	−	−	−	−
	快速开模	+	−	−	−	+	−	−	−	−	+	−
推料	顶出缸伸出	−	−	−	−	−	−	−	−	−	+	+
	顶出缸缩回	−	−	−	−	−	−	−	−	−	+	−
系统卸荷		−	−	−	−	−	−	−	−	−	−	−

注：“+”表示电磁铁得电；“−”表示电磁铁失电。

为保证安全生产，注塑机设置了安全门，并在安全门下装设一个行程阀 21 加以控制，只有在安全门关闭、行程阀 21 上位接入系统的情况下，系统才能进行合模运动。系统工作过程如下。

（一）合模

合模是动模板向定模板靠拢并最终合拢的过程。动模板由合模液压缸或机液组合机构驱动，合模速度一般按慢—快—慢的顺序进行。具体如下：

1. 动模板慢速合模运动

当按下合模按钮，电磁铁 YA1、YA10 得电，电液换向阀 6 右位接入系统，电磁换向阀 8 上位接入系统。低压大流量液压泵 1 通过电液换向阀 3 的 M 型中位机能卸荷，高压小流量液压泵 2 输出的压力油经阀 6、阀 15 进入合模缸左腔，右腔油液经阀 6 回油箱，合模缸推动动模板开始慢速向右运动。这时油路的流动情况如下：

进油路：液压泵 2→电液换向阀 6（右位）→单向阀 15→合模缸（左腔）；

回油路：合模缸（右腔）→电液换向阀 6（右位）→油箱。

2. 动模板快速合模运动

当慢速合模转为快速合模时，动模板上的行程挡块压下行程开关，使电磁铁 5Y 得电，阀 3 左位接入系统，大流量泵 1 不再卸荷，其压力油经单向阀 13、单向顺序阀 19 与液压泵 2 的压力油汇合，双泵共同向合模缸供油，实现动模板快速合模运动。这时油路的流动情况如下：

进油路：[（液压泵 1→单向阀 13→单项顺序阀 19）+（液压泵 2）]→电液换向阀 6（右位）→单向阀 15→合模缸（左腔）；

回油路：合模缸（右腔）→电液换向阀 6（右位）→油箱。

3. 合模前动模板的慢速运动

当动模板快速靠近静模板时，另一行程挡块将压下其对应的行程开关，使 5Y 失电、阀 3 回到中位，泵 1 卸荷，油路又恢复到以前状况，使快速合模运动又转为慢速合模运动，直至将模具完全合拢。

（二）增压锁模

当动模板合拢到位后又压下一行程开关，使电磁铁 7Y 得电、5Y 失电，泵 1 卸荷、泵 2 工作，电液换向阀 7 右位接入系统，增力缸开始工作，将其活塞输出的推力传给合模缸的活塞以增加其输出推力。此时，溢流阀 9 开始溢流，调定泵 2 输出的最高压力，该压力也是最大合模力下对应的系统最高工作压力。因此，系统的锁模力由溢流阀 9 调定，动模板的锁紧由单向阀 12 保证。这时油路的流动情况如下：

进油路：液压泵 2→单向阀 12→电液换向阀 7（右位）→增压缸（左腔）；

液压泵 2→电液换向阀 6（右位）→单向阀 15→合模缸（左腔）；

回油路：增压缸（右腔）→油箱；

合模缸（右腔）→电液换向阀 6（右位）→油箱。

（三）注射座整体快进

注射座的整体运动由注射座移动液压缸驱动。当电磁铁 9Y 得电时，电磁阀 5 右位接入系统，液压泵 2 的压力油经阀 14、阀 5 进入注射座移动缸右腔，左腔油液经节流阀 16 回油箱。此时注射座整体向左移动，使注射嘴与模具浇口接触。注射座的保压顶紧由单向阀 14 实现。这时油路的流动情况如下：

进油路：液压泵 2→单向阀 14→注射座移动缸（右腔）；

回油路：注射座移动缸（左腔）→电磁换向阀 5（右位）→节流阀 16→油箱。

（四）注射

当注射座到达预定位置后，压下行程开关，使电磁铁 4Y、5Y 得电，电磁换向阀 4 右位接入系统，阀 3 左位接入系统。泵 1 的压力油经阀 13，与经阀 19 而来的液压泵 2 的压力油汇合，一起经阀 4、阀 20 进入注射缸右腔，左腔油液经阀 4 回油箱。注射缸活塞带动注射螺杆将料筒前端已经预塑好的熔料经注射嘴快速注入模腔。注射缸的注射速度由旁路节流调速的调速阀 17 调节。单向顺序阀 20 在预塑时能够产生一定的背压，确保螺杆有一定的推力。溢流阀 10 起调定螺杆注射压力作用。这时油路的流动情况如下：

进油路：[（泵 1→阀 13）+（泵 2→单向顺序阀 19）]→电磁换向阀 4（左位）→单向顺序阀 20→注射缸（右腔）；

回油路：注射缸（左腔）→电液换向阀 4（左位）→油箱。

（五）注射保压

当注射缸对模腔内的熔料实行保压并补塑时，注射液压缸活塞工作位移量较小，只需少量油液即可。所以，电磁铁 5Y 失电，阀 3 处于中位，使大流量泵 1 卸荷，小流量泵 2 单独供油，以实现保压，多余的油液经溢流阀 9 回油箱。

（六）减压（放气）、再增压

先让电磁铁 1Y、7Y 失电，电磁铁 2Y 得电；后让 1Y、7Y 得电，2Y 失电，使动模板略松一下后，再继续压紧，尽量排出模腔中的气体，以保证制品质量。

（七）预塑

保压完毕，从料斗加入的塑料原料被裹在机筒外壳上的电加热器加热，并随着螺杆的旋转将加热熔化好的熔料带至料筒前端，并在螺杆头部逐渐建立起一定压力。当此压力足以克服注射液压缸活塞退回的背压阻力时，螺杆逐步开始后退，并不断将预塑好的塑料送至机筒前端。当螺杆后退到预定位置，即螺杆头部熔料达到所需注射量时，螺杆停止后退和转动，为下一次向模腔注射熔料做好准备。与此同时，已经注射到模腔内的制品冷却成型过程完成。

预塑螺杆的转动由液压马达 22 通过一对减速齿轮驱动实现。这时，电磁铁 6Y 得电，阀 3 右位接入系统，泵 1 的压力油经阀 3 进入液压马达，液压马达回油直通油箱。马达转速由旁路调速阀 18 调节，溢流阀 11 为安全阀。螺杆后退时，阀 4 处于中位，注射缸右腔油液经阀 20 和阀 4 回油箱，其背压力由阀 20 调节。同时活塞后退时，注射缸左腔会形成真空，此时依靠阀 4 的 Y 型中位机能进行补油。此时系统油液流动情况如下：

液压马达回路：

进油路：泵 1→阀 3 右位→液压马达 22 进油口；

回油路：液压马达 22 回油口→阀 3 右位→油箱。

液压缸背压回路：注射缸（右腔）→单向顺序阀 20→调速阀 17→油箱。

（八）注射座后退

当保压结束，电磁铁 8Y 得电，阀 5 左位接入系统，泵 2 的压力油经阀 14、阀 5 进入注射座移动液压缸左腔，右腔油液经阀 5、阀 16 回油箱，使注射座后退。泵 1 经阀 3 卸荷。此时系统油液流动情况如下：

进油路：泵 2→阀 14→阀 5（左位）→注射座移动缸（左腔）；

回油路：注射座移动缸（右腔）→阀 5（左位）→节流阀 16→油箱。

（九）开模

开模过程与合模过程相似，开模速度一般历经慢—快—慢的过程。

（1）慢速开模。电磁铁 2Y 得电，阀 6 左位接入系统，液压泵的压力油经阀 6 进入合模液压缸右腔，左腔的油经液控单向阀 15、阀 6 回油箱。泵 1 经阀 3 卸荷。

（2）快速开模。此时电磁铁 2Y 和 5Y 都得电，液压泵 1 和 2 汇流向合模液压缸右腔供油，开模速度提高。

（十）顶出

模具开模完成后，压下一行程开关，使电磁铁 11Y 得电，从泵 2 来的压力油，经过单向阀 12，电磁换向阀 23 上位，进入推料缸的左腔，右腔回油经阀 23 的上位回油箱。推料顶出缸通过顶杆将已经成型好的塑料制品从模腔中推出。

（十一）推料缸退回

推料完成后，电磁阀 11Y 失电，从泵 2 来的压力油经阀 23 下位进入推料缸油腔，左腔回油经过阀 23 下位后回油箱。

（十二）系统卸荷

上述循环动作完成后，系统所有电磁铁都失电。液压泵 1 经阀 3 卸荷，液压泵 2 经先导式溢流阀 8 卸荷。到此，注射机一次完整的工作循环完成。

二、系统性能分析

（1）该系统在整个工作循环中，由于合模缸和注射缸等液压缸的流量变化较大，锁模和注射后系统有较长时间的保压，为合理利用能量，系统采用双泵供油方式；液压缸快速动作（低压大流量）时，采用双液压泵联合供油方式；液压缸慢速动作或保压时，采用高压小流量泵 2 供油，低压大流量泵 1 卸荷供油方式。

（2）由于合模液压缸要求实现快、慢速开模、合模以及锁模动作，系统采用电液换向阀换向回路控制合模缸的运动方向。为保证足够的锁模力，系统设置了增力缸作用合模缸的方式，再通过机液复合机构完成合模和锁模，因此，合模缸结构较小、回路简单。

（3）由于注射液压缸运动速度较快，但运动平稳性要求不高，故系统采用调速阀旁路节流调速回路。由于预塑时要求注射缸有背压且背压力可调，因此在注射缸的无杆腔出口处串联一个背压阀。

（4）由于预塑工艺要求注射座移动缸在不工作时应处于背压且浮动状态，系统采用 Y 型中位机能的电磁换向阀，顺序阀 20 产生可调背压，回油节流调速回路等措施，调节注射座移动缸的运动速度，以提高运动的平稳性。

（5）预塑时螺杆转速较高，对速度平稳性要求较低，系统采用调速阀旁路节流调速回路。

（6）由于注塑机的注射压力很大（最大注射压力达 153MPa），为确保操作安全，该机设置了安全门，在安全门下端装一个行程阀，串接在电液换向阀 6 的控制油路上，控制合模缸的动作。只有当操作者离开模具，将安全门关闭压下行程阀后，电液换向阀才有控制油进入，合模缸才能实现合模运动，以确保操作者的人身安全。

（7）由于注塑机的执行元件较多，其循环动作主要由行程开关控制，按预定顺序完成。这种控制方式机动灵活，且系统较简单。

（8）系统工作时，各种执行装置的协同运动较多，工作压力的要求较多，变化较大，分别通过电磁溢流阀 9，溢流阀 10、11，再加上单向顺序阀 19、20 的联合作用，实现系统中不同位置、不同运动状态的不同压力控制。

一、注塑机液压系统故障的分析及排除方法

（一）液压系统噪声太大

1. 液压泵及液压马达引起噪声

（1）过滤器阻塞，应拆卸清洗，去除污物。

（2）液压泵进油时吸入空气，产生气泡，应检查进油管路及各个密封部位，排除漏气。

（3）油液黏度太高，应更换黏度较低的油液。

（4）油温太低，应开空车运转，使油温升到 30℃以上。油液最理想的工作温度是 55℃。

（5）油箱中油液不足，应加油至油标线。

（6）叶片泵的叶片被卡死，转子断裂或柱塞泵的柱塞被卡死，导致转动不灵，应拆卸检修，更换零件。

（7）液压泵内部零件磨损，使得径向或轴向间隙太大，应研磨修复。

（8）液压泵轴承损坏，应更换新的轴承。

（9）液压泵与电动机联轴节不同心，动作平衡不良，金属间有撞击，应调整同心度，减少误差。

（10）安装液压泵及电动机的底板振动太大，应增设缓冲垫，并提高刚性。

2. 溢流阀引起噪声

（1）阀芯与阀体孔间隙太大或椭圆度太大，应研磨阀孔，更换阀芯或换用新阀。

（2）弹簧扭曲变形或引起共振，应更换弹簧。

（3）油液内的杂质将阀孔阻塞，应拆卸清洗。

（4）阀孔拉毛或异物影响阀芯在孔内移动的灵活性，应清除毛刺及异物。

（5）先导阀的电磁铁接触不良，电压或吸力不足，应修整动、定铁心的接触面。

3. 其他因素引起的噪声

（1）油箱壁振动太大，应在油箱、液压泵及电动机底部增加橡胶垫。

（2）油箱太小或没有挡板，使油液乳化严重，产生系统振动，应重新改装或加大油箱。

（3）管道及接头振动，应加装固定夹持，急弯处或高压油出口处加装软管。

（4）管道内的油液有高压脉冲，应增设缓冲器、蓄能器或脉动过滤器。

（5）控制回路漏油，应检查油路，消除漏油。

（6）先导阀阀芯被卡住或拉毛，应修复或更换。

（7）液压泵损坏或漏油，应修复或更换。

（8）液压泵转子被装反，应重新装正。

（9）液压缸等执行元件漏油或渗油，使主油路与回油路接通，应修理执行元件，更换密封圈。

（10）先导阀电磁铁损坏或线圈短路，应修复或更换。

（二）液压系统压力不足

（1）溢流阀调整螺钉松弛，应重新调整和锁紧。

（2）有黏性物及杂质附着在溢流阀座面上，应清除黏性物及杂质。

（3）控制回路漏油，应检修回路，消除漏油。

（4）液压泵损坏及漏油，应修复或更换。

（5）先导阀阀芯卡住或拉毛，应修复或更换。

（6）液压泵转子装反，应重新装正。

（7）液压缸等执行元件漏油或渗油，使主油路与回油路接通，应修理执行元件，更换密封圈。

（8）先导阀电磁铁损坏或线圈短路，应修复或更换。

（三）注塑机动作反应慢或动作完成后有爬行

（1）电磁阀、电液阀的先导阀或主阀被脏物阻滞或拉毛，应在修磨毛刺时清洗阀芯和阀座。

（2）电磁阀阀芯短，动作不到位，应更换顶杆，使阀芯运动到位。

（3）电磁铁剩磁过大，影响运动，应修磨电磁心，使之减短形成磁隙，减小剩磁影响。

（4）电液阀的主阀弹簧扭曲或折断，应更换弹簧。

（四）注塑机动作速度太慢

（1）控制大泵的溢流阀失灵，大泵不增压，应检查先导阀和主阀的阀芯是否被卡住及电磁阀的先导阀是否失灵。

（2）电动机转速下降严重，应检查无缺相运转或电动机绕组匝间短路，并检修相关电路。

（3）节流阀或调速阀阀芯受到异物阻滞，应进行清洗，去除异物。

（4）大泵油液排量不足或不排油，应进行检修。

（五）注塑机不动作

（1）大、小泵不增压，应检修相关元件。

（2）换向阀卡死，应拆卸清洗。

（3）先导阀顶杆磨损，应更换阀杆。

（4）电磁铁损坏或卡死，应更换电磁线圈并清除异物。

（5）电磁铁动作控制回路失灵，应检修相应线路的中间继电器线圈、触点、按钮、熔丝及行程开关等。

（6）合模动作没有与联锁行程阀（凸轮阀）联动，应检查行程阀是否松动变位。

（六）注塑机工作温度太高

（1）无冷却水或冷却水太少，应打开或开大冷却水阀门。

（2）冷却水管道阻塞，应清洗或更换管道。

（3）大流量液压泵不卸荷，应检修电磁卸荷阀。

（4）工作压力调定得太高超过了额定压力，应重新调整。

（5）液压泵各元件连接处漏油，造成因容积损失发热或泵内相对动元件间隙过大，应严格防止紧固部分渗漏，并消除渗漏间隙。

（6）油箱容积太小，散热较差，应加大油箱或提高冷却系统的冷却效率。

（七）液压系统油路渗漏严重

（1）机械加工太粗糙。如几何形状有误差，端面不平整，间隙过小，配管不良，或相对运动的配合组件装配得不好，密封圈压缩时不合适，加工零件表面有毛刺、锈蚀、黏附异物，以及由于配合间隙过小而磨损，或自然磨损严重未修复引起泄漏，应提高加工和装配质量，合理控制配合间隙。

（2）密封件或油压元件变形。如压力油作用将密封圈挤入间隙，油液变质或密封圈与油液发生化学反应而又扭曲，端盖变形及接头松懈，油管或液压缸等壁面太薄缺乏刚性，在高压作用下发生膨胀或弯曲而引起泄漏等。应合理选用油液和密封圈，端盖、油管及液压缸等元件应设计足够强度。

（3）油温太高。如果油温过高、热量过多，会使油液黏度下降而油压上升，或密封圈受热变质，各间隙处受热变化而引起泄漏，应合理控制油液温度，最好将油温控制在55℃左右。

二、注塑机液压元件故障的分析及排除方法

（一）单向阀常见故障的排查

1. 阀体内产生异响

（1）油液的流量超过允许值，应换用流量较大的单向阀。

（2）单向阀与其他阀共振，应调整弹簧压力或改变阀的额定压力。

（3）在液压回路中，没有卸压装置，应补充卸压装置。

2. 阀体与阀座间泄漏严重

（1）阀面锥度密封不良，应重新研配。

（2）滑阀或阀座拉毛，应去除飞边，并重新研配。

（3）阀座破裂，应更换或研配阀座。

3. 结合处渗漏

连接螺钉或管螺纹没拧紧，应拧紧螺钉或管螺纹。

4. 单向控制作用失灵

（1）阀体孔变形，使滑阀在阀体内咬住，应精研阀体孔。
（2）滑阀表面毛糙，滑动不良，应去除表面飞边，重新研配。
（3）滑阀变形，使其在阀体内咬住，应修研滑阀外径。

（二）压力控制阀常见故障的分析及排除方法

1. 压力波动

（1）球或锥形阀芯与阀座密合不严，应更换钢球或阀芯，并进行研配。
（2）滑阀拉毛或弯曲变形，运动不灵活，应修理或更换滑阀。
（3）阀体孔或滑阀有椭圆度，应修整阀体孔或滑阀，使椭圆度小于 5 μm。
（4）弹簧太软或发生变形，阀芯推力不足，应更换弹簧。
（5）油液内混入污物杂质，将阻尼孔堵塞，应清洗液压元件，更换液压油。
（6）液压系统中混入空气，应将空气排出。
（7）液压泵的流量或压力脉动过大，使阀无法平衡，应检修液压泵。

2. 无调压作用

（1）滑阀被卡住，应清洗及修整滑阀。
（2）弹簧发生永久性变形或折断，应更换弹簧。
（3）阻尼孔堵塞，应清洗阻尼孔。
（4）钢球或锥形阀芯与阀座密合不严，应更换钢球或阀芯，并进行研配。
（5）漏装单向阀钢球或先导锥阀，应补装钢球或锥阀。
（6）进出油口的位置装反，应纠正进出油口的位置。
（7）回油不畅，应疏通回油管路。

3. 噪声和振动严重

（1）阀芯与阀体间隙过大或有椭圆度，造成严重泄漏，应检查配合精度，按装配要求修整阀芯和阀体。
（2）滑阀配合过紧，应重新研配。
（3）锥阀磨损，应更换或修整锥阀。
（4）弹簧产生永久性变形，应更换弹簧。
（5）液压系统内混入空气，应将空气排出。
（6）流量超过允许值，应减小流量或更换流量较大的压力阀。
（7）与其他元件发生共振，应改变共振系统的固有频率或改变压力值。
（8）回油不畅，应疏通回油管路。

4. 泄漏严重

（1）锥阀或钢球与阀座接触不良，应研配钢球、锥阀和阀座。
（2）滑阀与阀体配合间隙过大，应更换滑阀，重新研配间隙。

（3）各连接螺钉未上紧，应紧固各连接螺钉。
（4）溢油孔堵塞，应疏通溢油孔，使之回油。
（5）密封件损坏，应更换密封件。
（6）工作压力太高，应降低工作压力或选用额定工作较高的压力阀。

（三）液压马达常见故障的分析及排除方法

1. 转速太低及输出功率

（1）液压泵输出油量或压力不足，应检修液压泵及液压系统。
（2）液压马达内部泄漏严重，应查明泄漏原因和部位，采取密封措施。
（3）液压马达外部泄漏严重，应加强密封。
（4）液压马达零件磨损严重，应更换磨损的零件。
（5）液压油黏度不符合使用要求，应选用黏度适当的液压油。

2. 噪声严重

（1）进油口堵塞，应排除堵塞物，疏通进油口。
（2）进油口漏气，应拧紧接头，消除漏气。
（3）油液不清洁或混入空气，应加强过滤和排气处理。
（4）液压马达安装不良，应重新安装。
（5）液压马达零件磨损，应更换磨损的零件。

3. 泄漏严重

（1）密封件损坏，应更换密封件。
（2）接合面螺钉未拧紧，应紧固螺钉。
（3）管接头未拧紧，应拧紧管接头。
（4）配油装置发生故障，应检修配油装置。
（5）运动件之间的间隙过大，应重新装配或调整间隙。

（四）叶片泵常见故障的分析及排除方法

1. 不产生压力（油液吸不上来）

（1）电动机转向不对，应纠正电动机的旋转方向。
（2）油面过低，油液吸不上来，应定期检查油箱中的油量，并加油至油标规定线。
（3）叶子在转子槽内配合过紧，应单独配制叶片，使各叶片在所处的转子槽内移动灵活。
（4）油液黏度过高，使叶片转动不灵活，应换用黏度较低的 10 号机油。
（5）泵体内有砂眼，使高、低压油互通，应更换泵体。
（6）配油盘在压力油作用下变形，使其与泵体接触不良，应修整配油盘的接触面。

2. 压力提不高（输油量不足）

（1）各连接处密封不严，吸入空气，应检查吸油口及连接处是否泄漏，并紧固各连接处的螺钉。

（2）个别叶片移动不灵活，应将不灵活的叶片单槽配研。

（3）轴向和径向间隙过大，应修复或更换有关零件。

（4）叶片和转子装反，应重新装配，纠正叶片和转子的方向。

（5）配油盘内孔磨损，若磨损严重，应更换配油盘。

（6）转子槽和叶片的间隙过大，应根据转子叶片槽单独研配叶片。

（7）叶片和定子内环曲面接触不良。通常，定子磨损总是吸油腔，对于双作用叶片泵，可翻转 180° 安装后，在对称位置重新加工定位孔。

（8）吸油不通畅，应清洗滤油器，定期更换工作油液，并加油至油标规定线。

3. 噪声和振动严重

（1）液压系统内混入空气，应仔细查看吸油管路和油封的密封情况，以及油面的高度是否正常。

（2）配油盘端面与内孔和垂直，或叶片本身垂直度超差，应修磨配油盘端面和叶片侧面，使其垂直度在 10μm 以内。

（3）配油盘上的三角形节流槽太短，应使用什锦锉将其修长。

（4）个别叶片太紧，应进行研配。

（5）油液黏度太高，应适当降低油液黏度。

（6）联轴节的安装同轴度不好或松动，应将同轴度调整到要求范围内，并紧固连接螺钉。

（7）叶片倒角太小或高度不一致。可将原来的 *C*0.5 倒角加大为 *C*1，或加工成圆倒角，并修研或更换叶片，使其高度一致。

（8）转速太高，应适当降低。

（9）轴的密封圈太紧，表现为轴盖处有烫手现象，应适当调整密封圈，使其松紧适度。

（10）吸油不畅或油面太低，应清理吸油油路，使之通畅，并加油至油标规定线。

（11）定子内环曲面拉毛，应修磨抛光。

三、注塑机电气系统故障的分析及排除方法

（一）行程开关已被碰压或按下按钮但线路不通

（1）有断线或接头松脱，应把断线或松脱处接好。

（2）安装不合理，撞杆位置不当，弹簧受热变形，导致接触不良或一端接触，一端未接触，应重新安装调节。

（3）连锁触头产生常闭已开而常开未闭现象，应调节触头位置。

（二）行程开关或按钮已放开但电路不断故障分析及排除方法

（1）簧片被卡住，应进行修理，如簧片损坏，应更换簧片。

（2）在控制电路中有并联回路，若在这种情况下电路不断开为正常现象，不要作为故障来排除。

（三）继电器带电后衔铁不吸合或抖动厉害故障分析及排除方法

（1）电压太低，待电压升高后故障自然消除。
（2）中性线松动或脱断，应进行修理，把松脱的线接好。

（四）电磁铁断电后衔铁不退回或触点不断开的故障分析及排除方法

（1）铁心的剩磁太强，应更换铁心。
（2）触点烧坏黏结，应打磨或换用新的触点簧片。
（3）机械部分被卡住，应设法使机械部分动作灵活，如有异物卡在滑动面上，应清除异物。

（五）继电器、接触器、电磁阀线圈烧坏的故障分析及排除方法

（1）工作电压太高，线圈中通过的电流太大，或工作电压太低，衔铁未闭合，流过线圈的电流仍然很大，从而导致线圈烧毁，应更换线圈，并避免注塑机在非正常电压下工作。
（2）线圈有局部短路，应进行修换。

（六）继电器、接触器、电磁阀通电后衔铁不动作的故障分析及排除方法

（1）触点未闭合，应进行检修。如果是线路不通导致触点不闭合，应检修线路。若簧片损坏，使得触点不闭合，应更换触点簧片。
（2）线路不通，应检查线路。
（3）线圈或其他部位有断线，应更换线圈及排除断线点。

（七）某电磁铁动作但影响其他电磁铁不动作的故障分析及排除方法

电磁铁线圈有局部短路现象，应更换线圈或消除短路现象。

（八）主电动机电流表读数上升的故障分析及排除方法

（1）大泵不卸荷，应检修大泵。
（2）电动机单相运行，应检查电动机接线或绕阻。

（九）预塑电动机转动而螺杆不退的故障分析及排除方法

（1）螺杆背压太高，应适当调节背压。
（2）口模内有滞料或料温太高，注塑机不出料，应清理口模及降低成型温度。

（十）预塑电动机电流增加的故障分析及排除方法

齿轮啮合不良，应重新安装齿轮。

（十一）晶体管温度控制仪不振荡及不动作的故障分析及排除方法

（1）工作温度和电压影响晶体管的工作参数，应换用适宜的晶体管。

（2）检波二极管已损坏，应更换检波二极管。

（十二）测温表头指针不动的故障分析及排除方法

（1）表内有断线，应排除断线点。
（2）指针被卡住，应检修机械传动系统，并提高传动系统的装配精度。

（十三）测温指针满标的故障分析及排除方法

热电偶处有断线或热电偶已损坏，应检修断线点或更换热电偶。

（十四）电阻加热圈被腐蚀或短路的故障分析及排除方法

加热圈绝缘层被料筒内的塑料腐蚀，应进行检修并保持清洁。

归纳总结

本任务讲述了针对注塑机液压系统的一些常见的故障，分析了故障原因，提出了维修方案并加以实施。通过本任务的学习，掌握如何诊断液压系统故障，并在以后工作中加以应用。

练　习

简答题

1. 液压系统的常见故障有哪些？
2. 液压元件的常见故障有哪些？

项目八　气压传动系统的认知

- 了解气压传动技术基本特点。
- 读懂气压基本回路，理解气动系统实例的分析方法。
- 了解气动系统的优缺点、应用。

- 了解气动系统的优缺点、应用。

- 气动系统实例分析。

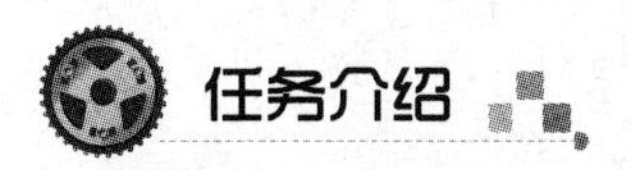

气压传动与液压传动最大的不同之处在于气压传动的工作介质是压缩空气。气压传动简称气动，是指以压缩空气为工作介质来传递动力和控制信号，控制和驱动各种机械和设备，以实现生产过程机械化、自动化的一门技术，它是流体传动及控制学科的一个重要分支。

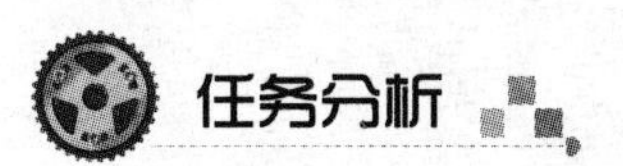

通过气动剪板机气压传动系统的分析，控制其往复运动，调节其速度，对气动元件的组成和基本特点、气动基本回路的组成和功用有一个较全面而初步的了解。

一、气压传动的工作原理

气压传动与液压传动的工作原理是基本相似的，气压传动系统的工作原理是作用空气压缩机将电动机或其他原动机输出的机械能化为空气，然后在控制元件和辅助元件的作用下，通过执行元件再把压力能转化为机械能，从而完成所要求的直线或旋转运动并对外做功。

如图 8-1 所示为气动剪板机的工作原理图，图示位置为气动剪板机的预备工作状态。空气压缩机 11 产生的压缩空气，经过后冷却器 10、除油器 9 进行降温及初步净化后，送入储气罐 8 备用，再经过过滤器 7、减压阀 6、油雾器 5 和气动换向阀 3 到气缸 2。此时换向阀的 A 腔压力将阀芯推到上位，使气缸的上腔充压，活塞处于下位，剪板机的剪口张开，处于预备工作状态。

当送料机构将工料 1 送入剪板机并到达规定位置，将行程阀 4 的触头压下时，换向阀的 A 腔与大气相通，换向阀的阀芯在弹簧力的作用下向下移，压缩空气充入气缸下腔，此时活塞带动剪刃快速向上运动将工料切下，工料被切下后行程阀复位，换向阀 A 腔气压上升，阀芯上移，使气路换向，气缸上腔进压缩空气，下腔排气，活塞带动剪刃向下运动，剪切机又恢复预备工作状态，等待第二次进料剪切。

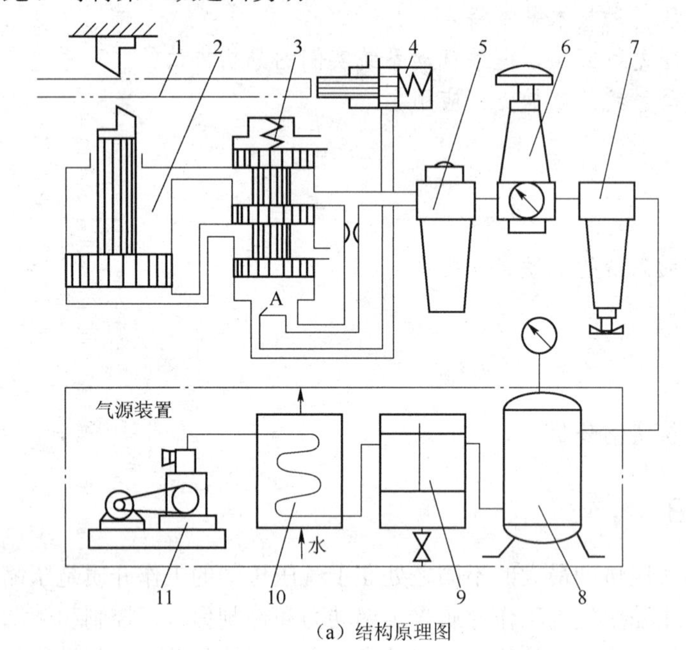

（a）结构原理图

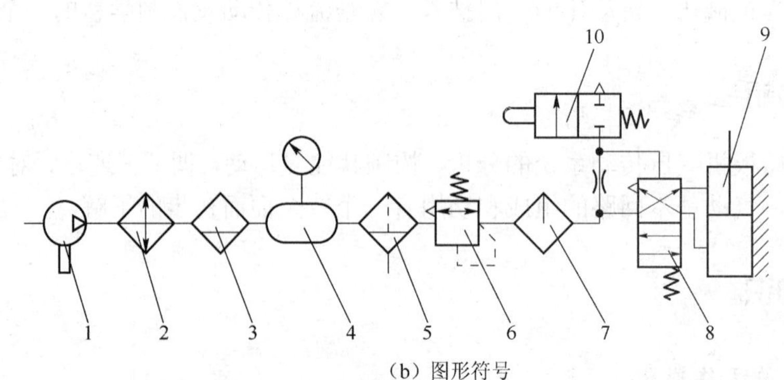

（b）图形符号

图 8-1　气动剪板机的工作原理图

1—工料；2—气缸；3—气动换向阀；4—行程阀；5—油雾器；6—减压阀；7—过滤器；8—储气罐；9—除油器；10—后冷却器；11—空气压缩机

二、气压传动系统的组成

气压传动系统的元件及装置可分为以下几类：

（1）气源装置：获得压缩空气的装置，如空气压缩机。

（2）气动执行元件：将压力能转换成机械能的能量转换装置，如气缸和气马达。

（3）气动控制元件：控制气体的压力、流量及流动方向的元件，如各种压力阀、流量阀和方向阀等。

（4）气动逻辑元件：具有一定逻辑功能的元件，如是门、与门、或门和或非门等元件。

（5）气动辅件：系统中除上述四类元件外，其余的都称辅助元件，即使压缩空气净化、润滑、消声以及用于元件间连接等元件，如过滤器、油雾器、消声器、管道和管接头等。

在实际工作中，气动系统图应该按照 GB/T 786.1—2009 所规定的气动图形符号来绘制。

三、气压传动的优缺点

（一）气压传动的优点

（1）以空气为工作介质，较容易取得；用后的空气排到大气中，处理方便，与液压传动相比，不必设置回收的油箱和管道。

（2）因空气黏度小（约为液压油的万分之一），在管内流动阻力小。压力损失小，便于集中供气和远距离输送。即使有泄漏，也不会像液压油一样污染环境。

（3）与液压传动相比，气压传动反应快，动作迅速，维护简单，管路不易堵塞，工作介质清洁、不存在介质变质及补充等问题。

（4）气动元件结构简单、制造容易，适于标准化、系列化、通用化。

（5）气动系统对工作环境适应性好，特别在易燃、易爆、多尘埃、强磁、辐射、振动等恶劣工作环境中工作时，安全可靠性优于液压、电子和电气系统。

（6）排气时气体因膨胀而温度降低，因而气动设备可以自动降温，长期运行也不会发生过热现象。

（二）气压传动的缺点

（1）由于空气具有可压缩性，因此工作速度稳定性稍差。但采用气液联动装置会得到较满意的效果。

（2）因工作压力低，又因结构尺寸不宜过大，总输出力不宜大于 10kN。

（3）噪声较大，在高速排气时要加消声器。

（4）气动装置中的气信号传递速度比电子光速度慢（只限于声速以内），因此，气信号传递不适于高速传递复杂的回路。

四、气压传动的应用和发展

气压传动以压缩空气为工作介质，具有防火、防爆、防电磁干扰，抗振动、冲击、辐射，无污染，结构简单，工作可靠等特点。所以气动技术与液压、机械、电气和电子技术一起，互相补充，已发展成为实现生产过程自动化的一个重要手段，在机械工业、冶金工业、轻纺食品工业、化工、交通运输、航空航天、国防建设等各个部门已得到广泛的应用。

现将其主要应用介绍如下：

（1）在机械工业中，如在组合机床的程序控制、轴承的加工、零件的检测、汽车、农机等生产线上已得到广泛应用。

（2）冶金工业中，在金属的冶炼、烧结、冷轧、热轧及打捆、包装等已有大量应用。一个现代化钢铁厂生产中仅气缸就需 3 000 个左右。

（3）在轻工、纺织、食品工业中，缝纫机、自行车、手表、电视机、纺织机械、洗衣机、食品加工等生产线上已得到广泛应用。

（4）在化工、军工工业中，在化工原料的输送、有害液体的灌装、炸药的包装、石油钻采等设备上已有大量应用。

（5）交通运输中，在列车的制动闸、车辆门窗的开闭，气垫船、鱼雷的自动控制装置等有广泛应用。

（6）在航空工业中，因气压传动除能承受辐射、高温外还能承受大的加速度，所以在近代的飞机、火箭、导弹的控制装置中逐渐被广泛地应用。

任务实施

观察气动剪板机的工作过程后，指出剪板机气动系统中各组成部分的名称及作用。

（1）能源装置：如图 8-1 所示空气压缩机 11，它的功能是将电动机输入的机械能转换为气体的压力能，为整个系统提供动力。

（2）执行元件：如图 8-1 所示的气缸 2，在高压空气的推动下移动，可以对外输出推力，通过它把压力能释放出来，转换成机械能，以驱动工作部件。

（3）控制元件：如图 8-1 所示的气动换向阀 3 和行程阀 4，可以控制气压系统中压缩空气的流动方向，从面控制气缸的运动方向；减压阀 6 可以控制进入气缸内的压力。

（4）辅助元件：如图 8-1 所示的后冷却器 10 可以对压缩气流冷却，除油器 9 可以初步过滤杂质，储气罐 8 用来储存压缩空气，过滤器 7 可以进一步过滤，油雾器 5 可以润滑系统，这些辅助元件是气压系统中不可缺少的元件。

（5）传动介质：即压缩空气，其作用是实现运动和动力的传送。

归纳总结

本任务主要讲述了气动剪板机的气压传动系统。气压传动是利用密闭系统中的受压气体（空气）来传递运动和动力的传动方式。通过本任务的学习，读者应了解气动技术的应用和气动技术的发展概况；掌握气压传动的工作原理、气压传动的组成及图形符号；了解气压传动的优缺点。

练　习

简答题

1. 一个典型的气动系统由哪几个部分组成？
2. 简述气压传动的优缺点。

项目九　气源装置、辅助元件及气动执行元件的选用

- 掌握气源装置及辅助元件的结构、工作原理及应用特点。
- 理解气动执行元件的结构、工作原理及应用特点。

- 掌握气源装置及辅助元件的结构、工作原理及应用特点。

- 气动辅助元件的工作原理。

任务一　气源装置及气动辅助元件的选用

任务介绍

气压传动系统中的气源装置为气动系统提供满足一定质量要求的压缩空气，它是气压传动系统的重要组成部分。由空气压缩机产生的压缩空气，必须经过降温、净化、减压、稳压等一系列处理后，才可供给控制元件和执行元件使用。

任务分析

气源装置是为气动系统提供满足一定质量要求的压缩空气的能源装置，是每个气动系统不可缺少的核心装备。合理地选择气源装置及其附件对于降低气动系统的能耗、提高系统的效率、降低噪声、改善工作性能和保障系统可靠地工作都十分重要。气动系统中的气源装置的作用类似液压传动系统中的液压泵，在学习中，前面的液压传动知识有很强的参考性。

相关知识

一、气源装置

（一）压缩空气站的设备组成

气压传动系统是以空气压缩机作为气源装置，空气压缩机是气动系统的动力源，是气压传动的心脏部分，它是把电动机输出的机械能转换成气体压力能的能量转换装置。一般规定，当空气压缩机的排气量小于 6m^3/min 时，直接安装在主机旁；当排气量大于或等于 6m^3/min 时，就应独立设置压缩空气站，作为整个工厂或车间的统一气源。图 9-1 所示为一般压缩空气站的设备组成和布置示意图。

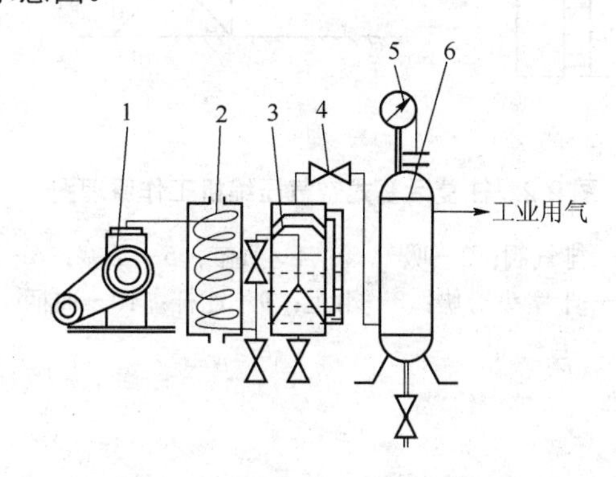

图 9-1　压缩空气站的设备组成和布置示意图

1—空气压缩机；2—后冷却器；3—除油器；4—阀门；5—压力表；6、11—储气罐

图 9-1 中空气压缩机 1 产生压缩空气，一般由电动机带动。其进气口装有简易空气过滤器（图中未画出），过滤掉空气中的一些灰尘、杂质。后冷却器 2 用以降温、冷却压缩空气，使汽化的水、油凝结出来。除油器 3，使降温冷凝出来的水滴、油滴、杂质从压缩空气中分离出来，再从排油水口排出。储气罐 6，用以储存压缩空气、稳定压缩空气的压力，并除去其中的油和水，储气罐 6 输出的压缩空气即可用于一般要求的气压传动系统。

（二）空气压缩机的分类

空气压缩机的种类很多，按输出压力大小可分为低压空气压缩机（0.2~1MPa）、中压空气压缩机（1.0～10MPa）、高压空气压缩机（10～100MPa）和超高压空压机（＞100MPa）；按输出流量（排量）可分为微型（＜1m^3/min、小型（1～10m^3/min）、中型（10～100m^3/min）和大型（＞100m^3/min）。

（三）空气压缩机的工作原理

气压系统中最常用的空气压缩机是往复活塞式的，其工作原理如图 9-2 所示。当活塞 5 向右运动时，气缸 4 内容积增大，形成部分真空而低于大气压力，外界空气在大气压力作用下推开吸气阀 3 而进入气缸中，这个过程称为吸气过程；当活塞向左运动时，吸气阀在缸内压缩气体的作用下而关闭，随着活塞的左移，缸内空气受到压缩而使压力升高，这个过程称为压缩过程；当气缸内压力增高到略高于输气管路内压力 P时，排气阀 2 打开，压缩空气排入输气管路内，这个过程称为排气过程。曲柄旋转一周，活塞往复行程一次，即完成“吸气一压缩一排气”一个工作循环。活塞的往复运动是由电动机带动曲柄 10 转动，通过连杆 9、滑块 7、活塞杆 6 转化成直线往复运动而产生的。图中只表示一个活塞一个缸的空气压缩机，大多数空气压缩机是多缸多活塞的组合。

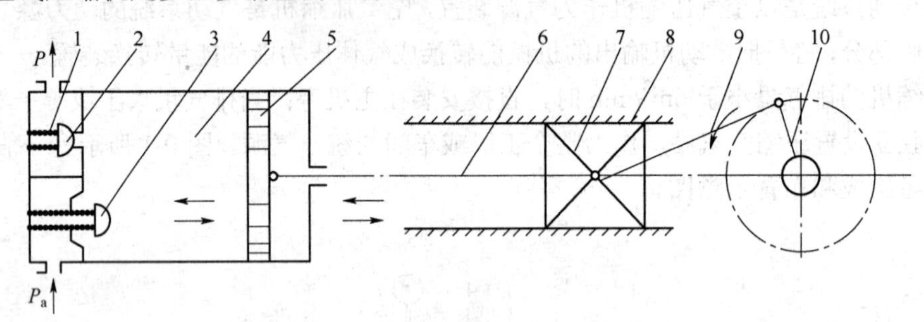

图 9-2　往复活塞式空气压缩机工作原理图

1—弹簧；2—排气阀；3—吸气阀；4—气缸；5—活塞；6—活塞杆；
7—十字头滑块；8—滑道；9—连杆；10—曲柄

二、气动辅助元件

气动辅助元件包括后冷却器、除油器、储气罐、空气干燥器、过滤器、油雾器、消声器等。

（一）后冷却器

压缩气体时，由于体积减小、压力增高，温度也增高。对于一般空气压缩机来说，排气温度可达 140～170℃。如果把这样高温的气体直接输入储气罐及管路，会给气动装置带来很多害处。因为此时的压缩空气中含有的油、水均为气态，成为易燃易爆的气源；且它们的腐蚀作用很强，会损坏气动装置而影响系统正常工作。因此必须在空气压缩机排气口处安装后冷却器。它的功用是将空气压缩机排出的压缩空气温度由 140～170℃冷却到 40～50℃，使其中的水汽和油雾凝结成水滴和油滴，以便经除油器排出。后冷却器一般采用水冷换热方式，其结构形式有蛇管式、套管式、列管式和散热片式等。

蛇管式后冷却器的结构如图 9-3 所示，主要由一只蛇管状空心盘管和一只盛装此盘的圆筒组成。蛇状盘管可用铜管或钢管弯曲制成，蛇管的表面积也是该冷却器的散热面积。由空气压缩机排出的热空气由蛇管上部进入，通过管外壁与管外的冷却水进行热交换，冷却后，由蛇管下部输出。这种冷却器结构简单，使用和维修方便，因而广泛用于流量较小的场合。

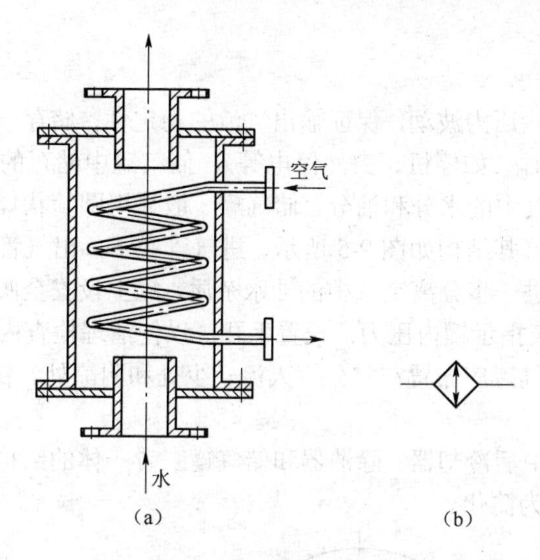

图 9-3　蛇管式后冷却器的结构及图形符号

（a）结构；（b）图形符号

（二）除油器

除油器安装在后冷却器后的管道上，它的功用是分离压缩空气中所含的油分、水分和灰尘等杂质，使压缩空气得到初步净化。经常采用的是使气流撞击并产生环形回转流动的除油器，其结构如图 9-4 所示。其工作原理是当压缩空气由进气管进入除油器壳体以后，气流先受到隔板的阻挡，产生流向和速度的急剧变化（流向如图中箭头所示），而在压缩空气中凝聚的水滴、油滴等杂质，受惯性作用而分离出来，沉降于壳体底部，由下部的排油、水阀定期排出。

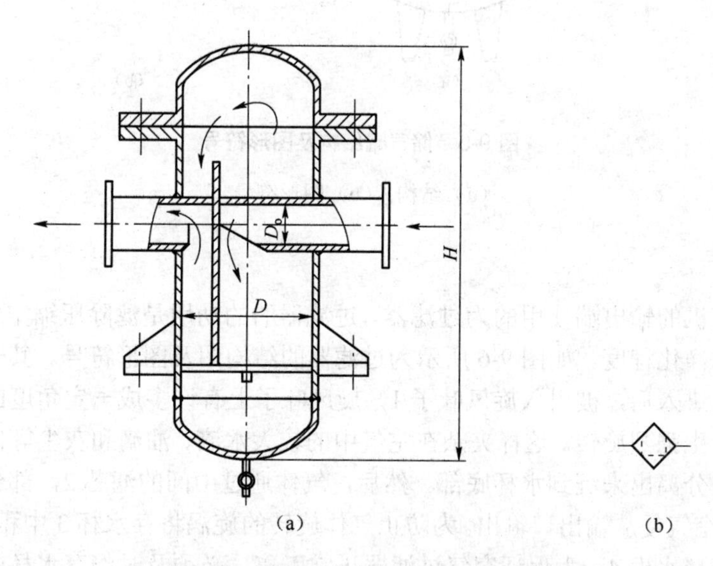

图 9-4　撞击回转式除油器及图形符号

（a）结构；（b）图形符号

（三）储气罐

储气罐的功用是消除压力波动，保证输出气流的稳定性；储存一定量的压缩空气，当空气压缩机发生意外事故时（如停机、突然停电等），储气罐中储存的压缩空气可作为应急使用；进一步分离压缩空气中的水分和油分。储气罐一般采用圆筒状焊接结构，有立式和卧式两种，一般以立式居多，其结构如图 9-5 所示，进气管在下，出气管在上，并尽可能加大两管之间的距离，以利于进一步分离空气中的油水杂质。罐上设安全阀，其调整压力为工作压力的 110%；装设压力表指示罐内压力；设置手孔，以便清理检查内部；底部设排放油、水的阀，并定时排放。储气罐应布置在室外、人流较少处和阴凉处。储气罐的高度 H_1 可为内径 D 的 2～3 倍。

目前，在气压传动中后冷却器、除油器和储气罐三者一体的结构形式已被采用，这使压缩空气站的辅助设备大为简化。

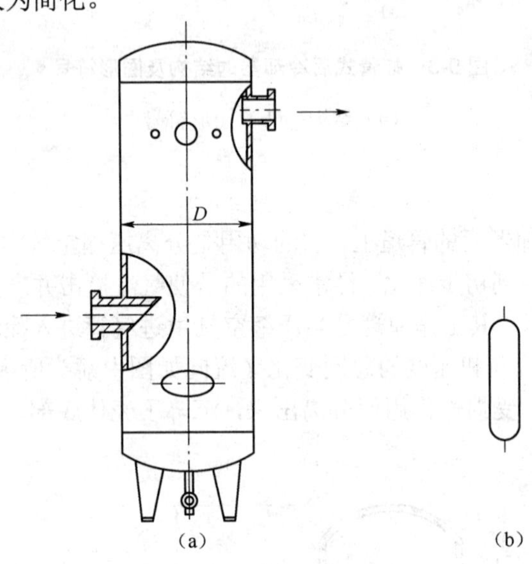

图 9-5　储气罐结构及图形符号

（a）结构；（b）图形符号

（四）过滤器

在空气压缩机的输出端使用的为过滤器。过滤器的的功用是滤除压缩空气中的杂质，达到系统所要求的净化程度。如图 9-6 所示为过滤器的结构图及图形符号。其工作原理是：压缩空气从输入口进入后，被引入旋风叶子 1，旋风叶子上有许多成一定角度的缺口，迫使空气沿切线方向产生强烈旋转。这样夹杂在空气中的较大水滴、油滴和灰尘等便获得较大的离心力，从空气中分离出来沉到水杯底部。然后，气体通过中间的滤芯 2，部分杂质、灰尘又被滤掉，洁净的空气便从输出口输出。为防止气体旋转的旋涡将存水杯 3 中积存的污水卷起，在滤芯下部设有挡水板 4。为保证空气过滤器正常工作，必须及时将存水杯中的污水通过排水阀 5 排放。存水杯由透明材料制成，便于观察其工作情况、污水高度和滤芯污染程度。

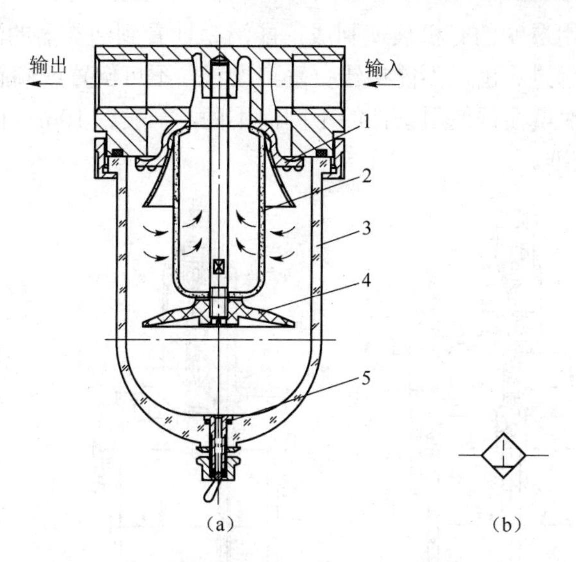

图 9-6　过滤器结构及图形符号

（a）结构；（b）图形符号

1—旋风叶子；2—滤芯；3—存水杯；4—挡水板；5—排水阀

（五）油雾器

气动控制中的各种阀和气缸都需要润滑，如气缸的活塞在缸体中往复运动，若没有润滑，活塞上的密封圈很快就会磨损，影响系统的正常工作，因此必须给系统进行润滑。油雾器的功用是润滑气动元件。油雾器是一种特殊的注油装置，它以压缩空气为动力，将润滑油喷射成雾状并混合于压缩空气中，随着压缩空气进入需要润滑的部位。目前，气动控制阀、气缸和气马达主要是靠这种带有油雾的压缩空气来实现润滑的，其优点是方便、干净、润滑质量高。

如图 9-7 所示为普通型油雾器的结构图。压缩空气从输入口 1 进入后，通过小孔 3 进入特殊单向阀（由阀座 5、钢球 12 和弹簧 13 组成），其工作情况如图 9-7（c）、(d)、(e) 阀座的腔内。如图 9-7（d），在钢球 12 上下表面形成压力差，此压力差被弹簧 13 的部分弹簧力所平衡，而使钢球处于中间位置，因而压缩空气就进入储油杯 6 的上腔 A，油面受压，压力油经吸油管 10 将单向阀 9 的钢球托起，钢球上部管道有一个边长小于钢球直径的四方孔，使钢球不能将上部管道封死，压力油能不断地流入视油器 8 内，到达喷嘴小孔 2 中，被主通道中的气流从小孔 2 中引射出来，雾化后从输出口 4 输出。视油器上部的节流阀 7 用以调节滴油量，可在 0~200 滴/min 范围内调节。

普通型油雾器能在进气状态下加油，这时只要拧松油塞 11 后，A 腔与大气相通而压力下降，同时输入进来的压缩空气将钢球 12 压在阀座 5 上，切断压缩空气进入 A 腔的通道，如图 9-7（e）所示。又由于吸油管中单向阀 9 的作用，压缩空气也不会从吸油管倒灌到储油杯中，这样就可以在不停气状态下向油塞口加油。加油完毕，拧上油塞，特殊单向阀又恢复工作状态，油雾器又重新开始工作。

储油杯一般用透明的聚碳酸酯制成，能清楚地看到杯中的储油量和清洁程度，以便及时补充与更换。视油器用透明的有机玻璃制成，能清楚地看到油雾器的滴油情况。

安装油雾器时注意进、出口不能接错；垂直设置，不可倒置或倾斜；保持正常油面，不应过高或过低。其供油量根据使用条件的不同而不同，一般以 $10m^3$ 自由空气（标准状态下）供给 1mL 的油量为基准。

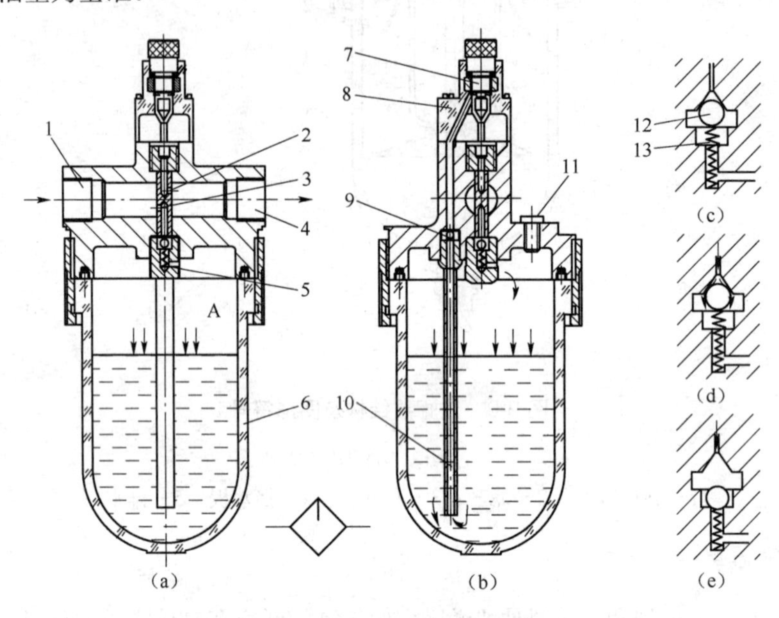

图 9-7　油雾器的结构及图形符号

1—输入口 ；2、3—小孔；4—输出口；5—阀座；6—储油杯；7—节流阀；8—视油器；9—单向阀；10—吸油管；11—油塞；12—钢球；13—弹簧

（六）消声器

气动装置的噪声一般都比较大，尤其当压缩气体直接从气缸或换向阀排向大气时，由于阀内的气路复杂且又十分狭窄，压缩空气以接近声速（340m/s）的流速从排气口中排向大气，较高的压差使气体体积急剧膨胀，产生涡流，引起气体的振动，发出强烈的噪声，一般可达100~120dB，危害人的健康，使作业环境恶化，工作效率降低。噪声高于 90dB 时必须设法降低。气动装置的排气口安装消声器，可以消除和减弱这种噪声。

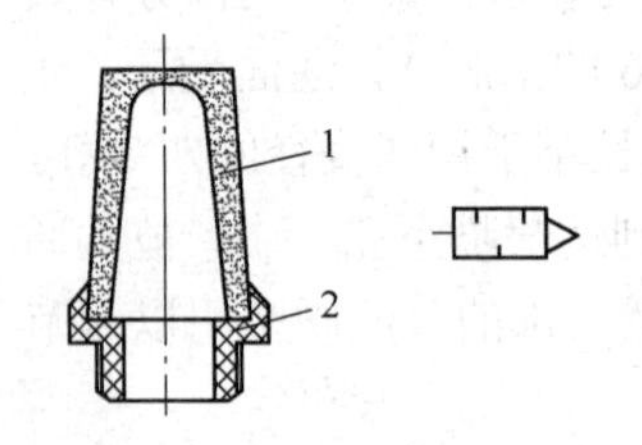

图 9-8　消声器结构及图形符号

1—消声罩；2—连接螺钉

如图 9-8 所示的消声器主要利用吸声材料（玻璃纤维、毛毡、烧结金属、烧结陶瓷以及烧结塑料等）来降低噪声。在气体流动的管道内固定吸声材料，或按一定方式在管道中排列。其工作原理是当气流通过消声罩 1 时，气流受阻，声能量被部分吸收转化为热能，可使噪声降低约 20dB。消声器在气动系统中广为应用。

归纳总结

本任务主要讲述了气源装置及其附件的结构和工作原理，要求能在实践中加以应用。

一、填空题

1．气压传动简称气动，是指以________为工作介质来传递动力和控制信号，控制和驱动各种机械和设备以实现生产过程机械化、自动化的一门技术。

2．空气压缩机简称空压机，用以将原动机输出的机械能转化为________。

3．冷却器安装在空气压缩机输出管路上，用于降低________的温度，并使压缩空气中的大部分水汽、油汽冷凝成水滴、油滴，以便经油水分离器析出。

4．过滤器用以除去________等杂质。

5．消声器的功用是________。

二、选择题

1．空气压缩机按输出压力可分为：（　　）

A．鼓风机、低压空压机、中压空压机、高压空压机、超高压空压机

B．鼓风机、低压空压机、中压空压机、高压空压机、微型空压机

C．低压空压机、中压空压机、高压空压机、超高压空压机、微型空压机

D．小型空压机、鼓风机、低压空压机、中压空压机、高压空压机

2．低压空气压缩机的输出压力为（　　）

A．小于 0.2MPa

B．0.2～1MPa

C．1～10MPa

3．除油器安装在（　　）后的管道上。

A．后冷却器

B．干燥器

C．储气罐

4．过滤器可分（　　）三种。

A．一次性过滤器、分水滤气器、高效过滤器

B．分水滤气器、二次性过滤器、高效过滤器

C．一次性过滤器、二次性过滤器、高效过滤器

D．一次性过滤器、二次性过滤器、分水滤气器

5．以下不是储气罐的作用的是（　　）。

A．减少气源输出气流脉动

B．进一步分离压缩空气中的水分和油分

C．冷却压缩空气

三、简答题

试述气源装置的组成。

任务二 气动执行元件的选用

任务介绍

气动执行元件是将压缩空气的压力能转化为机械能的能量转换装置。它包括气缸和气马达，气缸用于实现直线往复运动，气马达用于实现旋转运动。气缸结构简单、成本低，工作可靠；在有可能发生火灾和爆炸危险的场合使用安全；气缸的运动速度可达到 1～3m/s，应用在自动化生产线中可缩短辅助动作（如传输、压紧等）的时间，提高劳动生产率，具有十分重要的意义。但是气缸也有其缺点，主要是由于空气的压缩性使速度和位置控制的精度不高，输出功率小。

任务分析

本章详细介绍各种气缸和气马达的工作原理及应用。

相关知识

一、气缸

气缸的分类有多种，按压缩空气对活塞的作用力的方向分为单作用式和双作用式；按气缸的结构特征分为活塞式、薄膜式和柱塞式；按气缸的功能分为普通气缸（包括单作用式和双作用式气缸）和特殊气缸（包括缓冲气缸、摆动气缸、冲击气缸和气－液阻尼缸等）。

（一）普通气缸

1. 单杆单作用气缸

压缩空气作用在活塞端面上，推动活塞运动，而活塞的反向运动依靠复位弹簧力、重力或其他外力，这类气缸称为单作用气缸。如图 9-9 所示为弹簧复位式的单作用气缸，压缩空气由端盖上的 P 孔进入无杆腔，推动活塞向右运动，活塞退回由复位弹簧实现。气缸右腔通过孔 O 始终与大气相通。这种气缸在夹紧装置中应用较多。

2. 单杆双作用气缸

活塞在两个方向上的运动都是依靠压缩空气的作用而实现的，这类气缸称为双作用气缸。其结构如图 9-10 所示。

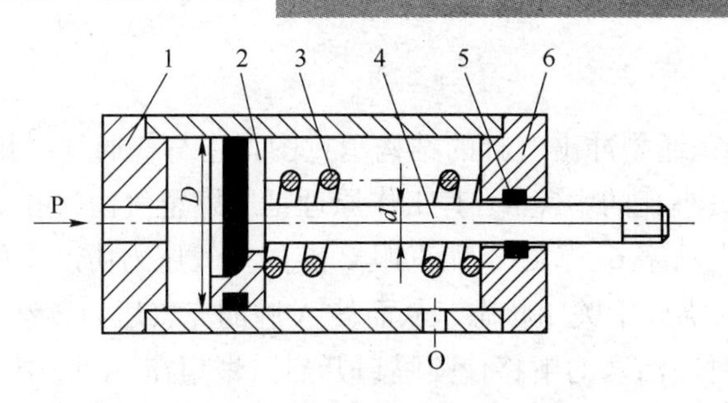

图 9-9　弹簧复位式的单作用气缸

1、6—端盖；2—活塞；3—弹簧；4—活塞杆；5—密封圈

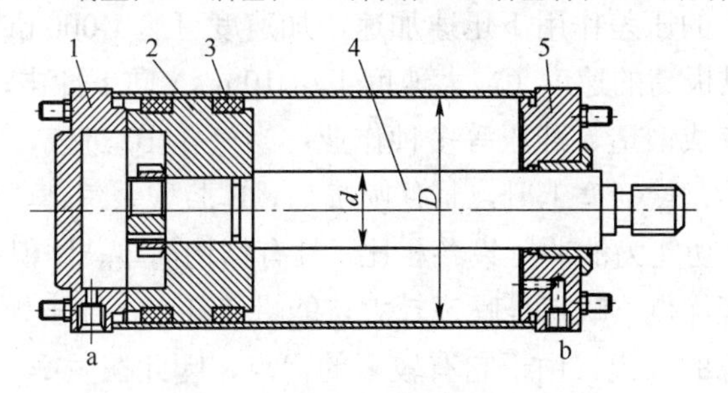

图 9-10　单杆双作用气缸

1、5—端盖；2—活塞；3—密封圈；4—活塞杆

（二）特殊气缸

1. 薄膜气缸

薄膜气缸分为单作用式和双作用式两种。单作用式薄膜气缸如图 9-11（a）所示，其工作原理是当压缩空气进入左腔时，膜片 3 在气压作用下产生变形使活塞杆 2 伸出，夹紧工件；松开工件则靠弹簧的作用使膜片复位。活塞的位移较小，一般小于 40mm。这种气缸的结构紧凑，质量轻，维修方便，密封性能好，制造成本低，广泛应用于各种自锁机构及夹具。

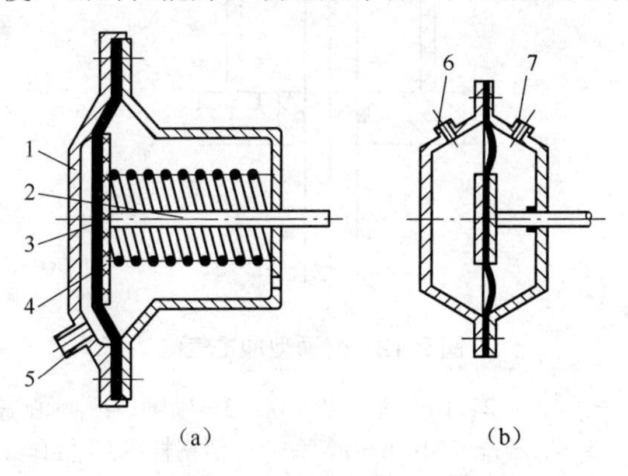

图 9-11　薄膜气缸

（a）单作用式；（b）双作用式

1—缸体；2—活塞杆；3—膜片；4—膜盘；5—进气口；6、7—进、出气口

2. 冲击气缸

如图 9-12 所示为普通型冲击气缸的结构示意图。它与普通气缸相比增加了蓄能腔 B 以及带有喷嘴和具有排气小孔的中盖 4。其工作原理是压缩空气由气孔 2 进入 A 腔，其压力只能通过喷嘴口 3 作用在活塞 6 上，还不能克服 C 腔的排气压力所产生的向上的推力以及活塞与缸体间的摩擦力，喷嘴处于关闭状态，从而使 A 腔的充气压力逐渐升高。当充气压力升高到能使活塞向下移动时，活塞的下移使喷嘴口开启，聚集在 A 腔中的压缩空气通过喷嘴口突然作用于活塞上，喷嘴口处的气流速度可达声速。高速气流进入 B 腔进一步膨胀并产生冲击波，其压力可高达气源压力的几倍到几十倍，给予活塞很大的向下的推力。此时 C 腔内的压力很低，活塞在很大的压差作用下迅速加速，加速度可达 1 000 m/s^2 以上，在很短的时间内（为 0.25～1.25s）以极高的速度（最大速度可达 10m/s）向下冲击，从而获得很大的动能，利用此能量做功，可完成锻造、冲压等多种作业。当气孔 10 进气，气孔 2 与大气相通时，作用在活塞下端的压力，使活塞上升，封住喷嘴口，B 腔残余气体，经低压排气阀 5 排向大气。冲击气缸与同等做功能力的冲压设备相比，具有结构简单、体积小、成本低、使用可靠、易维修、冲裁质量好等优点。缺点是噪声较大，能量消耗大，冲击效率较低。故在加工数大时，不能代替冲床。总的来说，由于它有较多的优点，因此在生产上得到日益广泛的应用。

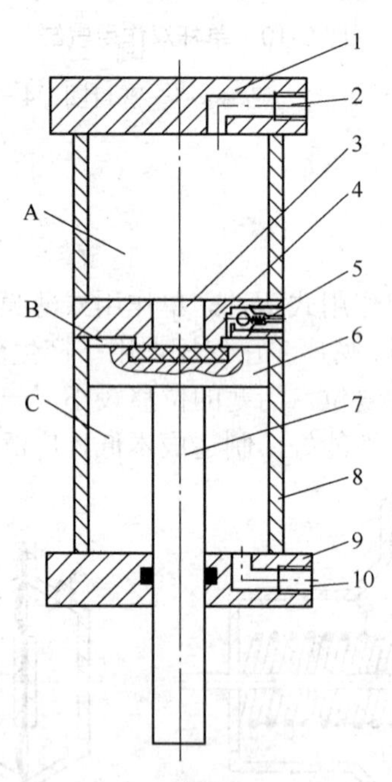

图 9-12　普通型冲击气缸

1、9—端盖；2、10—进、出气孔；3—喷嘴口；4—中盖；
5—低压排气阀；6—活塞；7—活塞杆；8—缸体

3. 缓冲气缸

一个普通气缸，当活塞运动接近行程末端时，由于具有较高的速度，如不采取措施，活塞就会以很大的作用力撞击端盖，引起很大的振动，也可能由于撞击而使气动夹具夹紧的薄壁工件发生变形。对于行程较长的气缸，这种现象尤为显著。为了使活塞能够平稳地靠拢端盖而不发生冲击现象，可以在气缸内部加上缓冲装置，这种气缸称为缓冲气缸，如图 9-13 所示。其工作原理是当活塞运动到接近行程末端，缓冲柱塞 3 进入柱塞孔时，主排气道被堵死，活塞进入缓冲行程。活塞再向前进，则在排气腔内的剩余气体只能从节流阀 2 排出，由于排气不畅，排气腔中的气体被活塞压缩，压力升高，形成一个甚至高于工作气源压力的背压，使活塞的运动速度逐渐减慢。调节节流阀的开度，可控制气缸活塞速度的减缓程度。当活塞反向运动时，气流经过单向阀 9 进入气缸，因而气缸能正常起动。

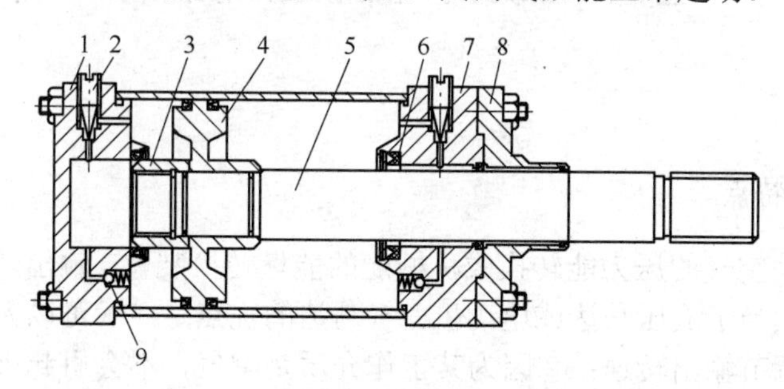

图 9-13　缓冲气缸

1、7—前、后端盖；2—节流阀；3—缓冲柱塞；4—活塞；
5—活塞杆；6—密封圈；8—压盖；9—单向阀

4. 气-液阻尼缸

在机械加工中实现进给运动的气缸，要求运动速度均匀，即使在负载有变化的情况下，运动仍应是平稳的，并能实现精确的进给。普通气缸是满足不了这些要求的，因为气体的可压缩性，使得气缸容易产生“爬行”、“自走”，因此输出推力和速度就有波动，影响切削加工的精度，严重的甚至破坏刀具。为了克服这些缺点，通常采用气－液阻尼缸。它是由气缸和液压缸组合而成，以压缩空气为能源，利用油液的不可压缩性控制流量,来获得活塞的平稳运动。与气缸相比，它传动平稳，停位准确，噪声小；与液压缸相比，它不需要液压源，经济性好，同时具有气动和液压的优点，因此得到了广泛的应用。

如图 9-14 所示为串联式气-液阻尼缸的工作原理图,它将液压缸和气缸串联成一个整体，两个活塞固定在一根活塞杆上。若压缩空气从 B 口进入气缸右侧，必然推动活塞向左运动，因液压缸活塞与气缸活塞共用同一个活塞杆，故液压缸活塞也将向左运动，此时液压缸左腔排油，油液由 C 口经节流阀流回右腔，对整个活塞的运动产生阻尼作用，调节节流阀，即可改变活塞的输出速度；反之，压缩空气自 A 口进入气缸左侧，活塞向右移动，液压缸右侧排油，此时单向阀开启，无阻尼作用，活塞快速向右运动。这种缸的缸体较长，加工与装配的工艺要求高，且两缸间可能产生窜气、窜油现象。

这种气-液阻尼缸也可将双活塞杆腔作为液压缸，这样可以使液压缸左、右腔的排油量相等。此时，油箱的作用只是补充液压缸因外泄漏而减少的油量，因此改用油杯就可以了。

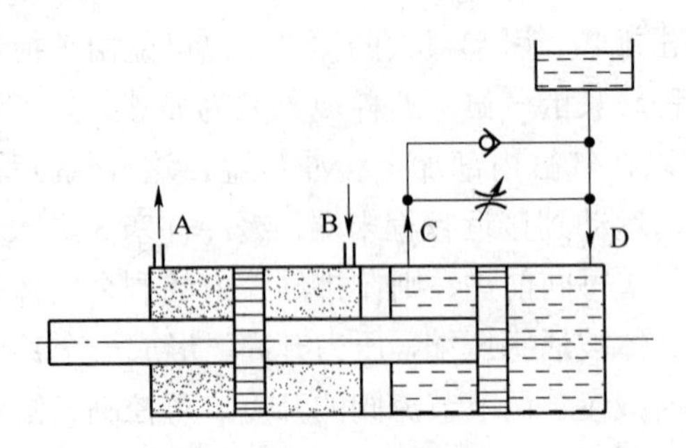

图 9-14 串联式气－液阻尼缸的工作原理图

二、气马达

（一）气马达的特点

气马达是将压缩空气的压力能转换成机械能的能量转换装置，输出转速和转矩，驱动机构做旋转运动的，相当于液压马达或电动机。气马达的优点是：①可以无级调速，只要控制进气流量，就可以调节输出转速；②因为其工作介质是空气，不会引起火灾；③过载时能自动停转。缺点是：输出功率小，耗气量大，效率低，噪声大，易产生振动。在气压传动中使用最广泛的是叶片式气马达和活塞式气马达。

（二）叶片式气马达工作原理

叶片式气马达有 3~10 个叶片安装在一个偏心转子的径向沟槽中，如图 9-15 所示。其工作原理与液压马达相同，当压缩空气从进气口 A 进入气室后立即喷向叶片 1、4，作用在叶片的外伸部分，通过叶片带动转子 2 做逆时针转动，输出转矩和转速，做完功的气体从排气口 C 排出，残余气体则经 B 排出（二次排气）；若进、排气口互换，则转子反转，输出相反方向的转矩和转速。转子转动的离心力和叶片底部的气压力、弹簧力（图中未画出）使得叶片紧密地与定子 3 的内壁相接触，以保证可靠密封，提高容积效率。

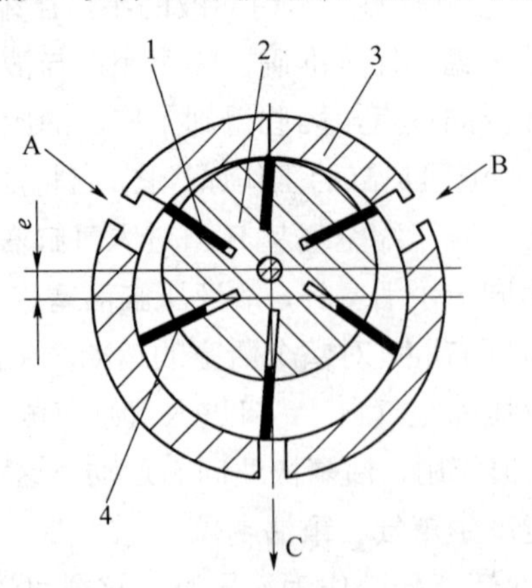

图 9-15 叶片式气马达

1、4－叶片；2－转子；3－定子

叶片式气马达主要用于风动工具如风钻、风扳手、风砂轮，高速旋转机械及矿山机械等。

归纳总结

本任务主要讲述了气缸与气马达的结构和工作原理以及它们的应用。通过对本任务的学习，要求学生熟练掌握气缸与气马达的结构和工作原理以及二者的应用，并能在实践中加以应用。

练　习

一、填空题

1．执行元件是以压缩空气为工作介质，并将压缩空气的________转变为________的能量转换装置。

2．气马达的突出特点是________，但也有________等缺点。

二、简答题

1．气缸有哪些类型？

2．简述冲击气缸是如何工作的。

3．简述气－液阻尼缸的工作原理。

项目十　气动控制阀及气动控制回路的构建

- 掌握气动控制阀的结构和工作原理。
- 能正确识读较复杂的气动系统回路图。

- 掌握气动方向阀、压力阀、流量阀的结构和工作原理。
- 能正确分析气动方向控制回路、压力控制回路和速度控制回路。

- 梭阀、双压阀、快排阀的应用回路。

任务一　方向控制阀及方向控制回路的构建

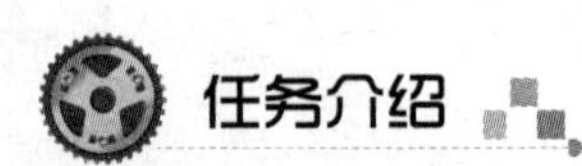

气压传动系统中的工作部件之所以能按设计要求完成动作，是通过气动执行元件的运动方向、速度及压力大小的控制和调节实现的。在现代工业中，气压传动系统为了实现所需的功能有着各不相同的构成形式，但无论多么复杂的系统都是由一些基本的、常用的控制回路组成的，如气缸的直接、间接控制回路，逻辑控制回路，实现气缸顺序动作的行程控制回路，调节和控制执行元件运动速度的速度控制回路，调节和控制工作压力的压力控制回路等。了解这些回路的功能，熟悉回路中相关元件的作用和结构，对更好地分析、使用、维护和设计各种气压传动系统有着重要的作用。

气动控制阀是控制和调节压缩空气的压力、流量和方向的元件，利用它们可组成各种气动控制回路。控制阀按其作用和功能可分为方向控制阀、压力控制阀和流量控制阀三大类。

任务分析

方向控制阀用来控制管道里气流的通断或改变气流的流动方向，从而使执行元件的动作发生变化。方向控制阀在使用过程中，经常需要频繁换向，因此除要求换向迅速、正确可靠外，还应有足够长的寿命。方向控制阀按气流在阀内的作用方向，可分为单向型控制阀和换向型控制阀。本任首先学习方向控制阀的工作原理和结构，在此基础上完成气动回路的分析。

相关知识

一、单向型控制阀

（一）单向阀

气动单向阀的工作原理与作用与液压单向阀相同。

在气动系统中，为防止储气罐中的压缩空气倒流回空气压缩机，在空气压缩机和储气罐之间就装有单向阀。单向阀还可与其他的阀组合成单向节流阀、单向顺序阀等。

（二）梭阀（或门阀）

梭阀是两个单向阀反向串联的组合阀。由于阀芯象织布梭子一样来回运动，因而称为梭阀。

图 10-1 (a) 所示为或门型梭阀的结构图。其工作原理是当 P_1 进气时，将阀芯推向右边，P_2 被关闭，于是气流从 P_1 进入 A 腔，如图 10-1（b）所示；反之，P_2 进气时，将阀芯推向左边，于是气流从 P_2 进入 A 腔，如图 10-1（c）所示；当 P_1、P_2 同时进气时，哪端压力高，A 就与哪端相通，另一端就自动关闭。可见该阀两输入口中只要有一个有输入，输出口就有输出，输入和输出呈现逻辑“或”的关系。

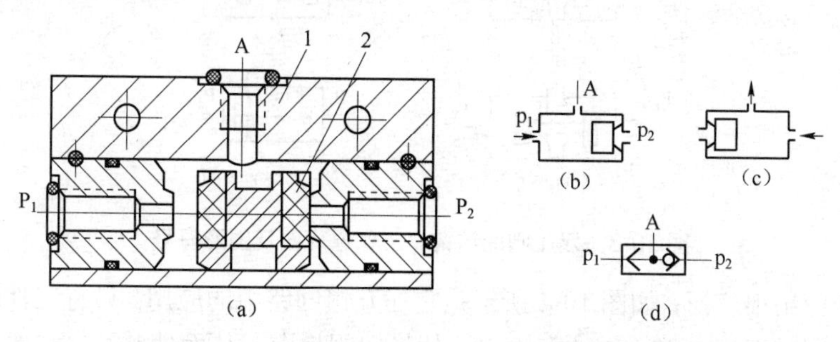

图 10-1　或门型梭阀的结构、工作原理图及图形符号

1—阀体；2—阀芯

或门型梭阀在逻辑回路和程序控制回路中被广泛采用，如图 10-2 所示是梭阀在手动—自动回路上的应用。通过梭阀的作用，使得电磁阀和手动阀均可单独操纵气缸动作。

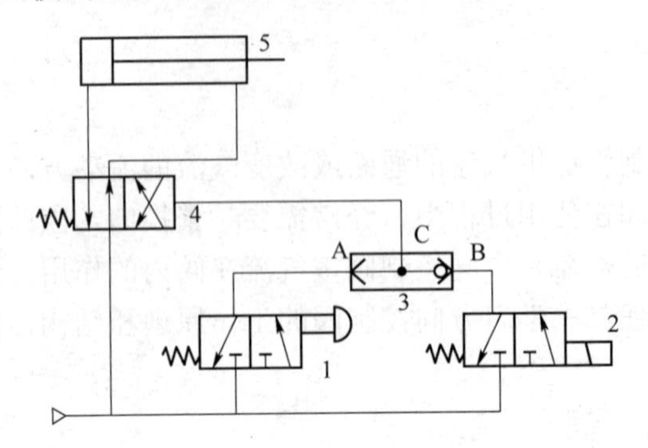

图 10-2　梭阀在手动—自动回路上的应用

1—按钮换向阀；2—电磁换向阀；3—梭阀；4—气控换向阀；5—气缸

（三）双压阀（与门型）

如图 10-3（a）所示为与门型双压阀的结构图。其工作原理是当 P_1 进气时，阀芯被推向右端，A 无输出，如图 10-3（b）所示；当 P_2 进气时，阀芯被推向左端，A 无输出，如图 10-3（c）所示；只有当 P_1 和 P_2 同时进气时，A 才有输出，如图 10-3（d）所示，当 P_1 和 P_2 气体压力不等时，则气压低的通过 A 输出。由此可见，该阀只有两个输入口 P_1、P_2 同时进气时，A 才有输出，输入和输出呈现逻辑“与”的关系。

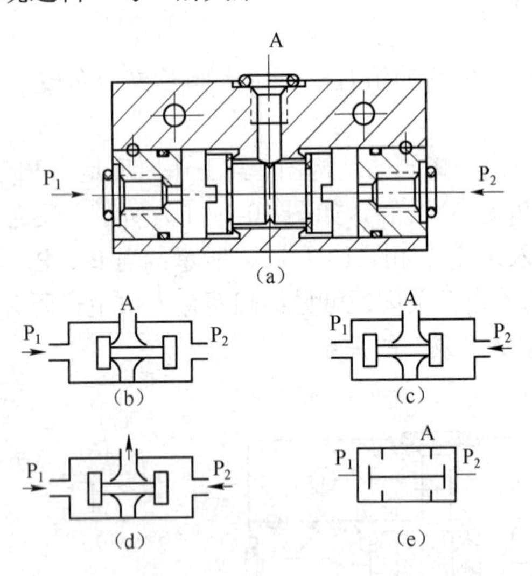

图 10-3　双压阀的结构、工作原理图及图形符号

双压阀的应用很广泛，如图 10-4 所示是它在互锁回路中的应用。只有工件的定位信号 1 和夹紧信号 2 同时存在，双压阀才有输出，使换向阀换向，从而使钻孔缸进给。

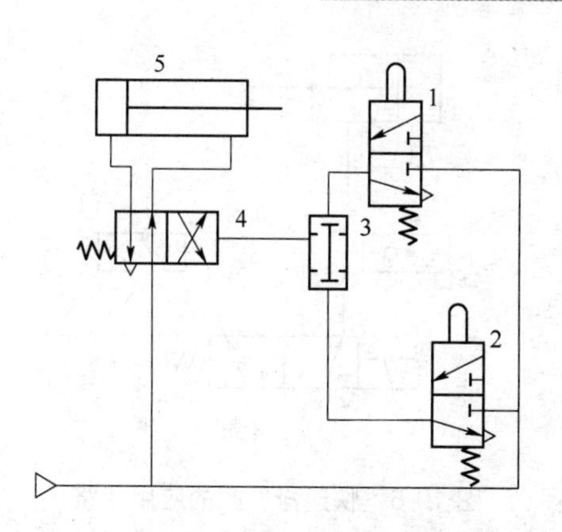

图 10-4　双压阀在互锁回路中的应用

1、2—机动换向阀；3—双压阀；4—气控换向阀；5—气缸

（四）快速排气阀

使气动元件或装置快速排气的阀叫做快速排气阀，简称快排阀。通常气缸排气时，气体是从气缸经过管路，由换向阀的排气口排出的。如果从气缸到换向阀的距离较长，而换向阀的排气口又小时，排气时间就较长，气缸运动速度较慢。此时，若采用快速排气阀，则气缸内的气体就能直接由快排阀排向大气，加快气缸的运动速度。实验证明，安装快速排气阀后，气缸的运动速度可提高 4～5 倍。如图 10-5（a）所示是快速排气阀的结构图。当 P 进气时，膜片 2 被压下封住排气口 O，气流经膜片四周的小孔向 A 腔流入，A 有输出，如图 10-5（b）所示；当 P 腔排空时，A 腔压力将膜片顶起，P 与 A 不通，A 与 O 相通，A 腔气体快速排向大气中，如图 10-5（c）所示。

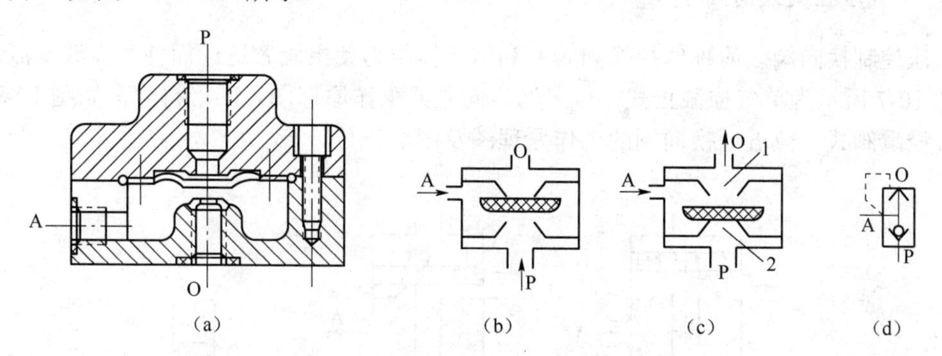

图 10-5　快速排气阀的结构、工作原理图及图形符号

1—阀体；2—膜片

如图 10-6 所示是应用快速排气阀使气缸往复运动加速的一个回路。气缸往复运动排气都直接通过快速排气阀而不通过换向阀。在实际使用中，快速排气阀应配置在需要快速排气的气动执行元件附近，否则会影响效果。

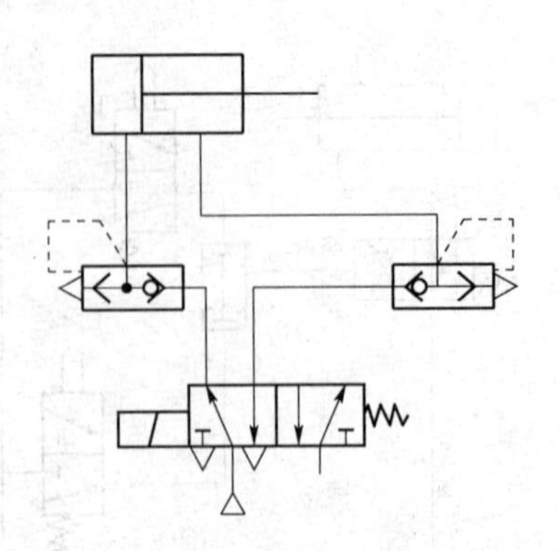

图 10-6　快速排气阀的应用回路

二、换向型控制阀

换向型控制阀（简称换向阀）的作用是改变气体通道使气体流动方向发生变化，从而改变执行元件的运动方向。按阀芯结构可分为截止式、滑阀式和膜片式等，其中以截止式和滑阀式换向阀应用较多；按控制方式可分为气压控制、电磁控制、机械控制、人力控制和时间控制；按阀的切换位置和管路口的数目可分为：几位几通阀，阀的切换位置称为位，有几个切换位置就称几位阀，经常使用的有二位阀和三位阀，阀的位的符号用方格表示，多少位就有多少方格；阀的管道口（包括排气口）称为通，有几个管道口就称为几通，常见的有二通、三通、四通、五通，一般压力入口用 P 表示，压力出口用 A、B 表示，排气口用 O 表示。

（一）气压控制换向阀

气压控制换向阀（简称气控换向阀）利用气体压力使主阀芯运动而使气流改变流向。

图 10-7 所示为单气控截止式二位三通换向阀的工作原理图及图形符号，如图 10-8 所示为双气控滑阀式三位五通换向阀的工作原理图及图形符号。

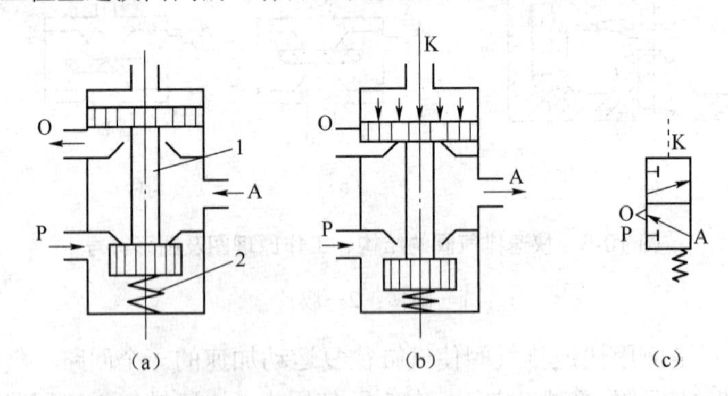

图 10-7　单气控截止式二位三通换向阀的工作原理图及图形符号

（a）K 无控制信号；（b）K 有控制信号；（c）图形符号

1—阀芯；2—弹簧

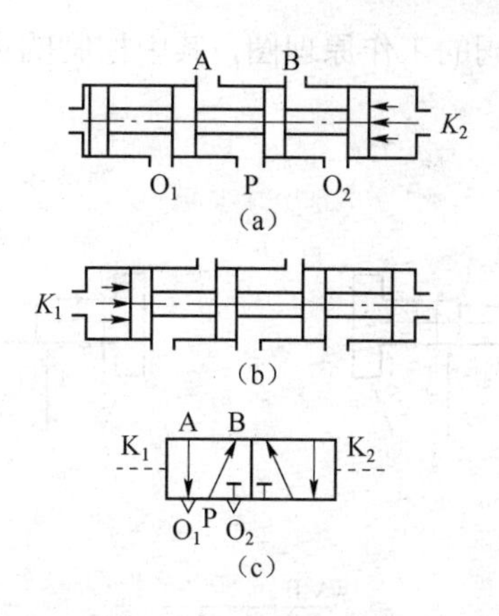

图 10-8　双气控滑阀式三位五通换向阀的工作原理图及图形符号

（a）K_1 无控制信号，K_2 有控制信号；（b）K_1 有控制信号，K_2 无控制信号；（c）图形符号

（二）电磁换向阀

气压传动中的电磁换向阀由电磁铁控制部分和主阀两部分组成，按控制方式不同分为电磁铁直接控制（直动）式电磁换向阀和先导控制式电磁换向阀两种。

1. 直动式电磁换向阀

由电磁铁的衔铁直接推动换向阀阀芯换向的阀称为直动式电磁阀，单电磁铁二位三通电磁换向阀的工作原理如图 10-9 所示。若将阀中的弹簧改成电磁铁，就成为双电磁铁直动式电磁换向阀，如图 10-10 所示。由此可见，这种阀的两个电磁铁只能交替得电工作，不能同时得电，否则会产生误动作。

这种直动式双电磁铁换向阀也可构成三位阀，在两个电磁铁均失电时，阀芯处于中间位置，其中位机能类似于液压阀。

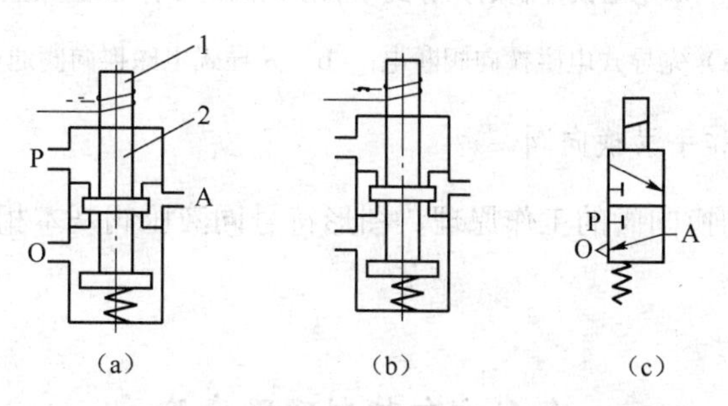

图 10-9　直动式单电磁铁二位三通电磁换向阀工作原理图及图形符号

（a）电磁铁断电；（b）电磁铁通电；（c）图形符号

1—电磁铁；2—阀芯

2. 先导式电磁换向阀

先导式电磁换向阀可分为单电磁铁控制和双电磁铁控制两种。该阀的先导控制部分，实际上是一个电磁阀，先导式电磁阀是由电磁先导阀和主阀两部分组成。如图 10-11 所示为单

电磁铁控制的先导式电磁换向阀的工作原理图，其中控制的主阀为二位阀。同样，主阀也可为三位阀。

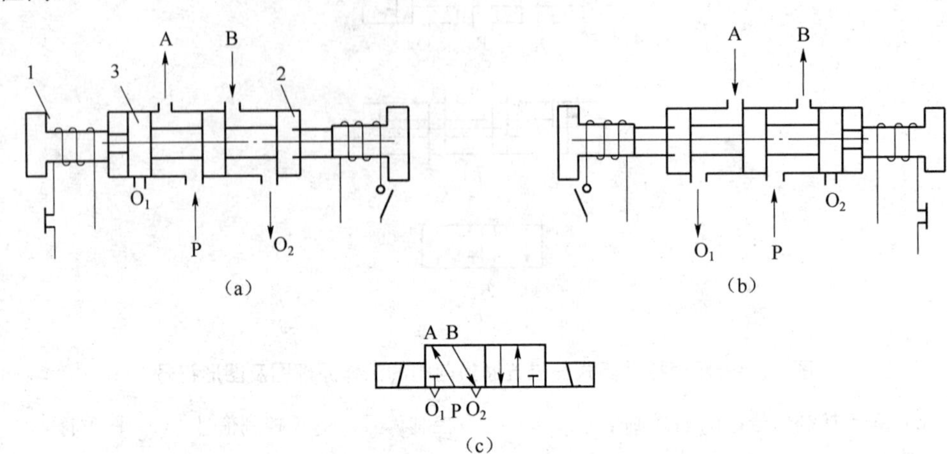

图 10-10　直动式双电磁铁二位三通电磁换向阀工作原理图及图形符号

（a）电磁铁 1 通电、2 断电；（b）电磁铁 1 断电、2 通电；（c）图形符号

1、2—电磁铁

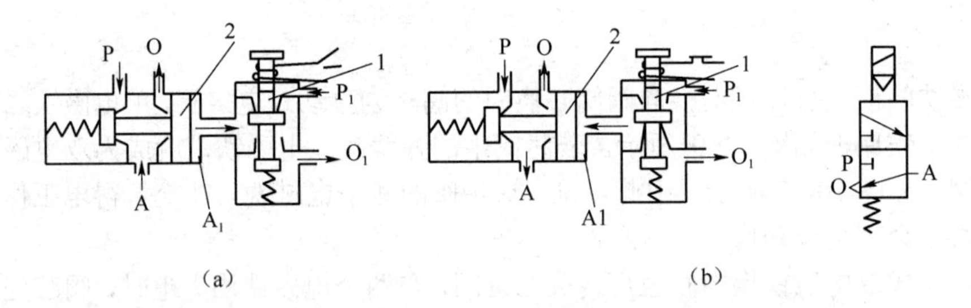

图 10-11　单电磁铁控制的先导式电磁换向阀的工作原理图及图形符号

（a）先导式电磁换向阀断电；（b）先导式电磁换向阀通电

（三）机动换向阀和手动换向阀

机动换向阀、手动换向阀的工作原理、图形符号同液压阀基本相类似。

气动方向控制回路实验

一、单作用气缸的直接控制

（一）实验目的

（1）通过气管连接、安装，掌握元件原理机能。
（2）通过实验掌握气缸的直接控制回路。

（二）实验元件

实验元件如表 10-1 所示。

表 10-1　实验元件

名称	型号	符号	数量
三联件	AC2000—D		1
常闭式按钮阀	MSV98322PPC		1
带压力表的减压阀	AR2000		1
单作用气缸	MSAL20—75—S		1
气管	ϕ6mm		若干

（三）操作步骤

按如图 10-12 所示将回路连接起来后，打开气源，开始实验。按下常闭式按钮，压缩空气从按钮阀进气口（P 口）经过按钮阀到达出气口（A 口），并克服气缸活塞复位弹簧的阻力，使活塞杆伸出。松开按钮，按钮阀中的复位弹簧使阀回到初始位置，气缸活塞缩回，压缩空气从按钮阀（R 口）排放。

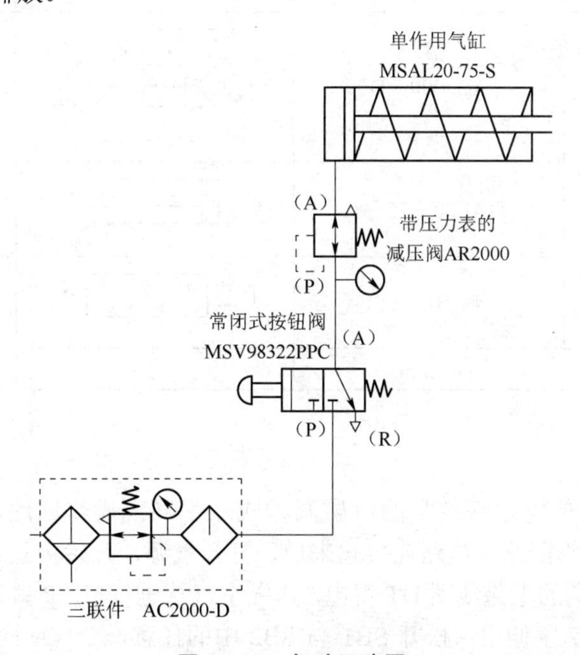

图 10-12　气动回路图

（四）实验气路

首先从空气压缩机的出气口连接到三联件进气口（P 口），三联件由排水过滤器、减压阀、油雾器组成。气管由三联件的出口（A 口）连接到按钮阀的进气口（P 口），再从按钮阀的（A 口）连接到带表的减压阀的进气口（P 口），减压阀的出口（A 口）连接到气缸。实验时减压阀上的压力表有压力显示。

（五）实验指导

（1）根据实验要求，将元件安装在实验屏上。
（2）根据气动回路图，用塑料软管和附件将气动元件连接起来。

二、双手操作安全回路

（一）实验目的

（1）通过气管连接、安装，掌握元件原理机能。
（2）通过实验掌握双手操作（串联）控制回路。

（二）实验元件

实验元件如表 10-2 所示。

表 10-2　实验元件

名称	型号	符号	数量
三联件	AC2000—D		1
双作用气缸	MAL20—75—S		1
单电控二位五通阀	4V210—08		1
气管	ϕ6mm		若干

（三）操作步骤

采用串联电路和单电磁铁控制的电磁阀构成双手同地操作回路，可确保安全。如图 10-13、图 10-14 所示将回路、电路连接起来后，打开气源，开始实验。当 SB1 与 SB2 同时按下，二位五通换向阀的电磁线圈 DT 得电，压缩空气从进气口（P 口）进气，（A 口）出气，进入气缸左腔使气缸活塞伸出；松开 SB1 与 SB2 中的任意一个（或同时松开）时，二位五通换向阀的电磁线圈 DT 失电，压缩空气从进气口（P 口）进气，B 口出气，进入气缸右腔使气缸活塞缩回。

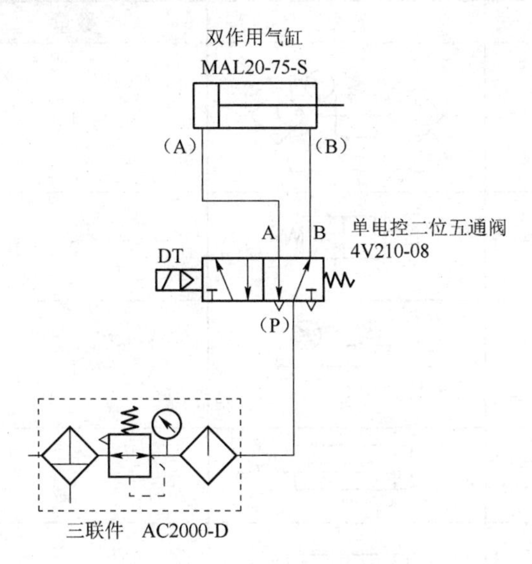

图 10-13　气动回路图

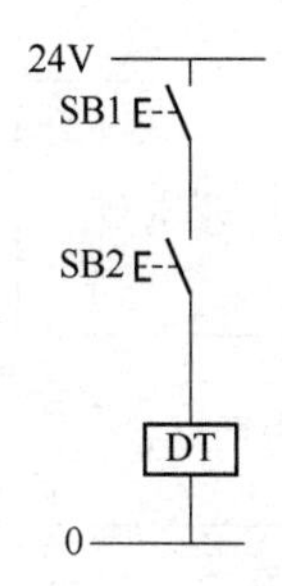

图 10-14　电气接线图

（四）实验气路

首先从空气压缩机的出气口连接到三联件进气口（P 口），三联件由排水过滤器、减压阀、油雾器组成。气管由三联件的出口（A 口）连接到单电控二位五通阀的进气口（P 口），再从单电磁铁控制二位五通阀的出口（A 口），连接到气缸的出口（A 口），从二位五通阀的 B 口连接到气缸的 B 口。

（五）实验指导

（1）根据实验要求，将元件安装在实验屏上。
（2）根据气动回路图，用塑料软管和附件将气动元件连接起来。
（3）根据电路图正确连接线路。
（4）开始实验练习，并检查功能是否正确。

三、双作用气缸的“与”逻辑功能的直接控制

（一）实验目的

（1）通过气管连接、安装，掌握元件原理机能。
（2）通过实验掌握双作用气缸的“与”逻辑功能的直接控制回路。

（二）实验元件

实验元件如表 10-3 所示。

表 10-3　实验元件

名称	型号	符号	数量
三联件	AC2000—D		1
常闭式按钮阀	MSV98322PPC		2
带压力表的减压阀	AR2000		1
双作用气缸	MAL20—75—S		1
单气控二位五通阀	4V220—08		1
与门阀	KSY—L3		1
三通		⊥	2
气管	ϕ6mm		若干

（三）操作步骤

按如图 10-15 所示将回路连接完毕后，与双压阀相连接的两个常闭按钮阀中，按下其中任意一个按钮阀，双压阀的 X 或 Y 侧就产生一个信号，双压阀阻止这个信号通过。如果另一个按钮阀这时也被按下，则双压阀在出口（A）处产生一个信号，这个信号即为单气控二位五通控制阀口（Z）的气控信号，使单气控二位五通阀实现位的切换，从而活塞伸出，任意释放一只按扭阀或同时释放两只按钮阀，压缩空气从按钮阀和单气控二位五通的 R 处排气。气缸活塞恢复原位。

（四）实验气路

首先从空气压缩机的出气口连接到三联件进气口（P 口），三联件由排水过滤器，减压阀、油雾器组成。气管由三联件的出口（A 口）经两个三通分三路：第一路连接到按钮阀 1 的进气口（P 口），再从按钮阀的 A 口连接到与门阀的 X 口；第二路连接到按钮阀 2 的 P 口，再从按钮阀 2 的 A 口连接到与门阀的 Y 口，与门阀的 A 口连接到单气控二位五通阀的 Z 口；第三路连接到减压阀的 P 口，再从减压阀的 A 口连接到单气控二位五通阀的 P 口。然后从单气控二位五通阀的 A 口连接到气缸的 A 口，单气控二位五通的 B 口连接到气缸的 B 口。

实验时减压阀上的压力表有压力显示。

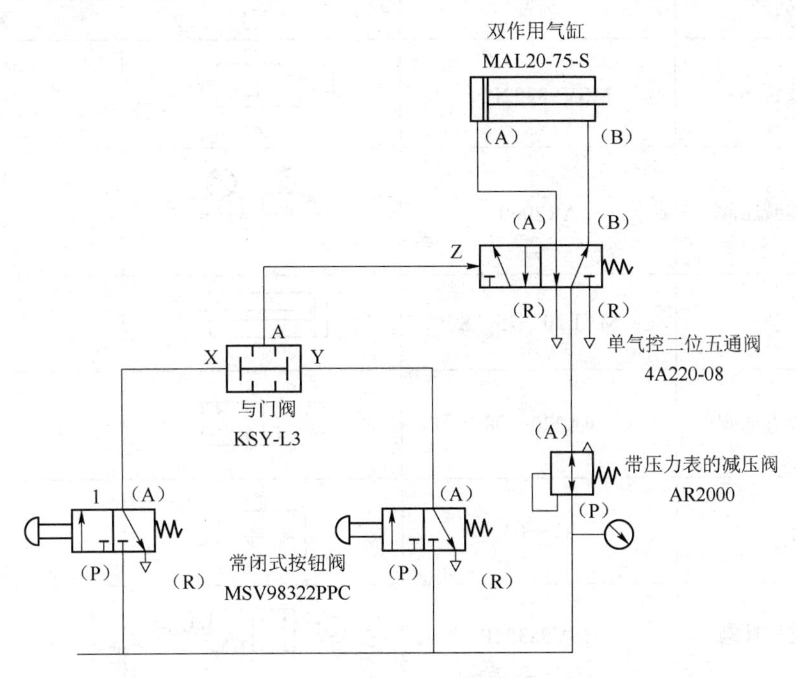

图 10-15　气动回路图

（五）实验指导

（1）根据实验要求，将元件安装在实验屏上。
（2）根据气动回路图，用塑料软管和附件将气动元件连接起来。

四、双作用气缸或逻辑功能的控制

（一）实验目的

（1）通过气管连接、安装，掌握元件原理机能。
（2）通过实验掌握气缸的或逻辑功能控制回路。

（二）实验元件

实验元件如表 10-4 所示。

表 10-4　实验元件

名称	型号	符号	数量
三联件	AC2000—D		1

续表

名称	型号	符号	数量
常闭式按钮阀	MSV98322PPc		2
带压力表的减压阀	AR2000		1
双作用气缸	MAL20—75—S		1
双气控二位五通阀	4A220—08		1
或门阀	ST—03		1
常闭式滚轮杠杆阀	MSV98322R		1
单向节流阀	ASC—08V		1
气管	ϕ6mm		若干
三通		⊥	3

（三）操作步骤

如图 10-16 所示将气动回路连接完毕后，与梭阀相连接的两个常闭按钮阀中，只要有一个按钮阀被按下（或同时被按下），梭阀的 X 或 Y 输入端（或同时两输入端）就会产生一个信号，信号通过梭阀，从梭阀输出端（A）到达双气控二位五通阀的 Z 端使双气控二位五通阀换向，气缸活塞伸出。当常闭式滚轮杠杆阀被活塞压下时，滚轮杠杆阀打开。如果按钮阀产生的两个信号都消失时，梭阀将撤销 Z 端的气控信号，并通过其中一个常闭按钮阀排空，由于常闭式滚轮杠杆阀已打开，使得双气控二位五通阀的状态得以切换，气缸活塞缩回。调节单向节流阀的大小，可以控制活塞伸出速度的快慢。

（四）实验气路

首先从空气压缩机的出气口连接到三联件进气口（P 口），三联件由排水过滤器、减压阀、油雾器组成。气管由三联件的出口（A 口）经三个三通分四路：第一路连接到按钮阀 1 的进气口 P 口，再从按钮阀的 A 口连接到或门阀的 X 口；第二路连接到按钮阀 2 的 P 口，再从按钮阀 2 的 A 口连接到梭阀的 Y 口，梭阀的 A 口连接到双气控二位五通阀的 Z 口；第三路连接到双气控二位五通阀的 P 口；第四路连接到滚轮杠杆阀的 P 口，再从滚轮杠杆阀的 A 口连接到减压阀的 P 口，再从减压阀的 A 口连接到双气控二位五通阀的 Y 口。然后从双气控二位五通阀的 A 口连接到单向节流阀的 P 口，从单向节流阀的 A 口连接到气缸的 A 口，从双气控二位五通阀的 B 口连接到气缸的 B 口。实验时减压阀上的压力表有压力显示。

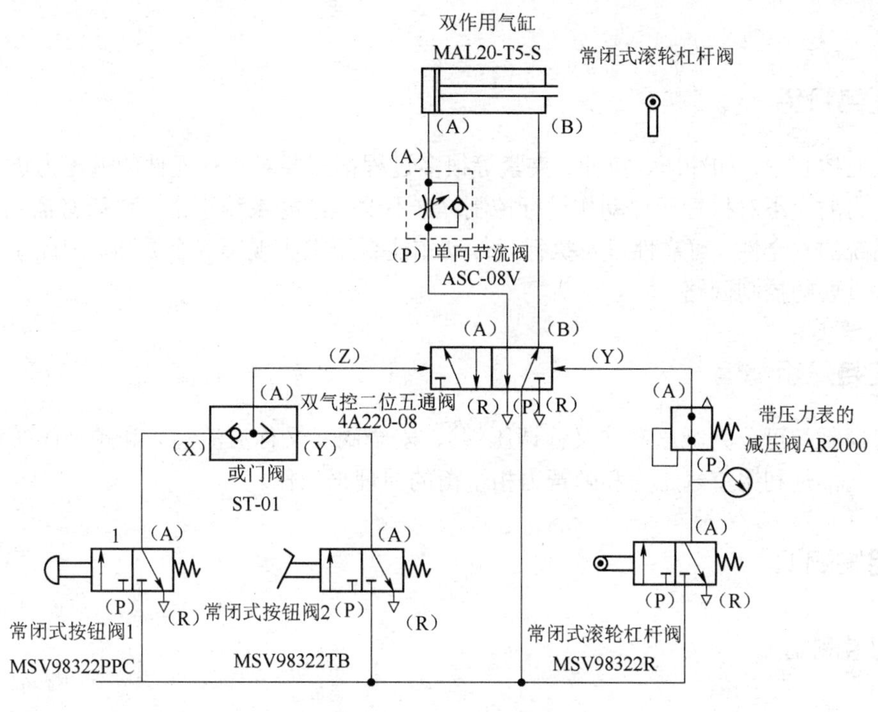

图 10-16　气动回路图

（五）实验指导

（1）根据实验要求，将元件安装在实验屏上。

（2）根据气动回路图，用塑料软管和附件将气动元件连接起来。

归纳总结

1. 梭阀、双压阀、快排阀的工作原理及应用。
2. 逻辑与、逻辑或等方向控制回路的分析。

练　习

简答题

1. 试说明梭阀的工作原理、主要特点及用途。
2. 试说明双压梭阀的工作原理、主要特点及用途。

3. 试说明快速排气阀的工作原理、主要特点及用途。

4. 什么是气动三大件？各起什么作用？

任务二 压力控制阀及压力控制回路的构建

任务介绍

在工业控制中，如冲压、拉伸、夹紧等很多过程都需要对执行元件的输出力进行调节或根据输出力的大小对执行元件动作进行控制。这不仅是维持系统正常工作所必需的，同时也关系到系统的安全性、可靠性以及执行元件动作能否正常实现等多个方面。因此压力控制回路是非常重要的控制回路。

任务分析

压力控制阀可分为减压阀（又称调压阀）、安全阀（又称溢流阀）和顺序阀等。所有的压力控制阀都是利用空气压力和弹簧力相平衡的原理来工作。

相关知识

一、压力控制阀

（一）减压阀

在气压传动系统中，一般都是由空气压缩机先产生压缩空气，再将此具较高压力的压缩空气储存于储气罐中，然后经管路输送给各气动装置，因气动装置所要求的工作压力都比空气压缩机输出的压力低，而且空气压缩机的输出压力是波动的。为了供给各气动装置所需的稳定的工作压力，就要采用减压阀。因此，减压阀的作用是降压且稳压。常用的减压阀分为两种：不带溢流口的，过载时无补偿功能；带溢流口的，过载时有调节功能。

如图 10-17 所示为不带溢流口的减压阀结构图及图形符号。减压阀是由旋钮直接调节调压弹簧来改变减压阀输出压力的。当顺时针方向调整手柄 1 时，压缩弹簧 2 、3 ，推动膜片 6、溢流阀座 5、阀芯 8 向下移动，使进气阀口 10 开启，气流通过阀口的节流减压作用后压力降低，从右侧输出压力。与此同时，有一部分气流由阻尼孔 7 进入膜片气室，在膜片下产生一个向上的推力与弹簧力平衡，减压阀便有稳定的压力输出。当输入压力发生波动时，如输入压力瞬时升高时，输出压力也随之升高，使膜片下的压力也升高，将膜片向上推，阀芯 8 在复位弹簧 9 的作用下上移，从而使阀口 10 的开度减小，节流作用增强，使输出压力降低到调定值为止；反之，若输入压力下降，则输出压力也随之下降，膜片下移，阀口 10 开度增大，节流作用降低，使输出压力回升到调定压力，以维持压力稳定。调节手柄 1 以控制阀口开度的大小，即可控制输出压力的大小。

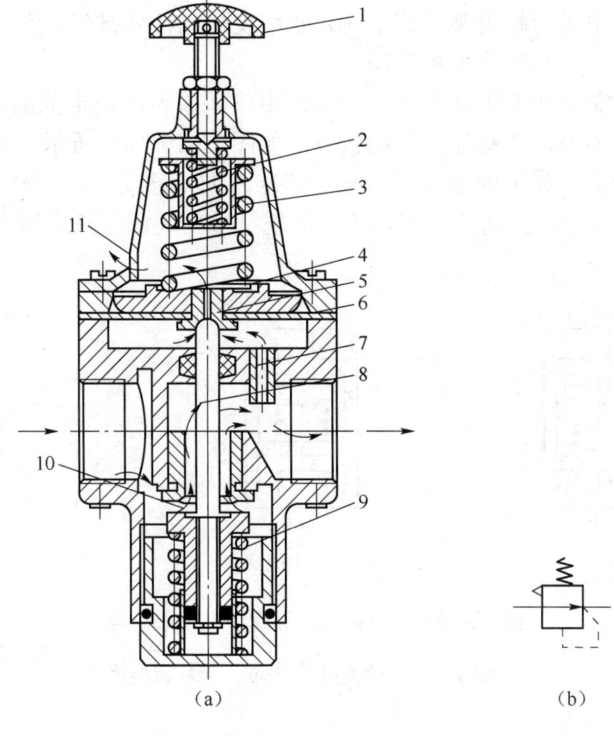

图 10-17　不带溢流口的减压阀结构及图形符号

（a）结构；（b）图形符号

1—手柄；2、3、9—弹簧；4—溢流孔；5—溢流阀座；6—膜片；
7—阻尼孔；8—阀芯；10—进气阀口；11—排气孔

使用时，应按减压阀标记的气流方向接入系统。调压时，应由低向高调，直至规定的调压值为止。减压阀不用时，应把手柄放松，放松弹簧，避免膜片长时间受压变形，影响调压精度和使用寿命。

安装位置通常在空气过滤器之后、油雾器之前，实际生产中，常把这三个元件称为气源三联件。

如图 10-18 所示用气源三联件（空气过滤器－减压阀－油雾器）调节系统压力为一稳定值。

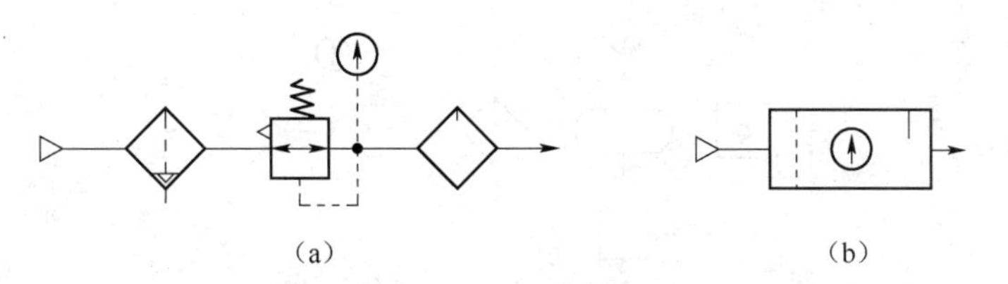

图 10-18　气源三联件

（a）详图；（b）简图

（二）安全阀

当储气罐或回路中压力超过某调定值时，要用安全阀往外排气。安全阀在系统中能够限制系统中最高工作压力，起安全保护作用。

图 10-19 所示是安全阀工作原理图。当系统中气体压力在调定范围内时，作用在活塞 3 上的压力小于弹簧 2 的力，活塞处于关闭状态，如图 15-19（a）所示。当系统压力升高，作用在活塞 3 上的压力大于弹簧的预定压力时，活塞 3 向上移动，阀门开启排气，如图 15-19（b）所示。直到系统压力降到调定范围以下，活塞又重新关闭。开启压力的大小与弹簧的预压量有关。

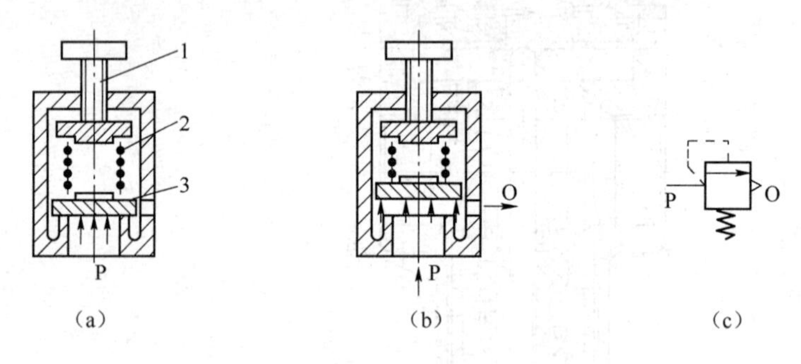

图 10-19　安全阀工作原理图及图形符号

（a）关闭状态；（b）开启状态；（c）图形符号

二、压力控制回路

压力控制主要指的是控制、调节气动系统中压缩空气的压力，以满足对压力的要求。

（一）一次压力控制回路

一次压力控制回路的作用是控制储气罐的压力使之不超过规定的压力值。常用电接点压力表 1 或用外控溢流阀 2 来控制。如图 10-20 所示，当采用电接点压力表控制时，它可直接控制空气压缩机的转、停，使储气罐内压力保持在规定的范围内；当采用溢流阀控制时，若储气罐内的压力超过规定值，溢流阀被打开，空气压缩机输出的压缩空气经溢流阀排入大气。两种控制前者对电动机及控制要求较高，常用于对小型空气压缩机的控制；后者结构简单、工作可靠，但气量浪费大。

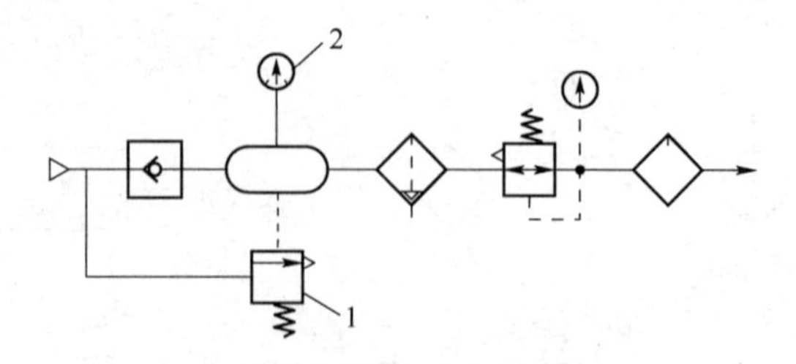

图 10-20　一次压力控制回路

1—电接点压力表；2—溢流阀

（二）二次压力控制回路

二次压力控制回路如图 10-21 所示。

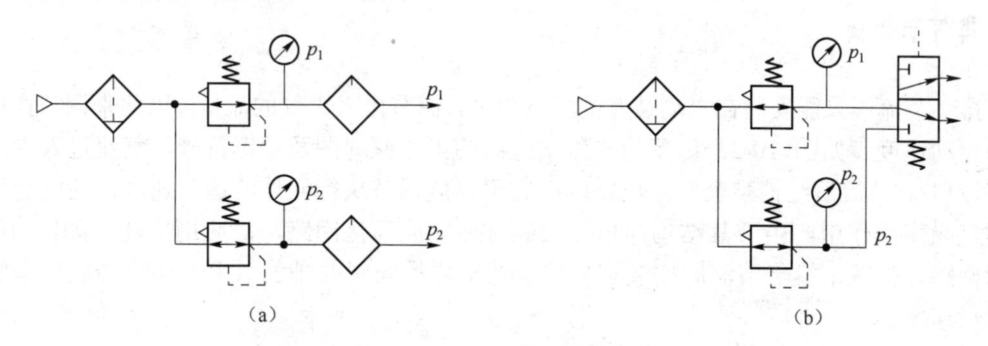

图 10-21　二次压力控制回路

（a）两个减压阀实现两个不同的输出压力 p_1 和 p_2；
（b）两个减压阀和一个换向阀实现两个不同的输出压力 p_1 和 p_2

归纳总结

（1）掌握减压阀、安全阀（溢流阀）等压力控制阀的工作原理、结构及正确使用方法。
（2）能完成气动压力回路的分析与设计。

练　　习

简答题

气动系统中常用的压力控制回路有哪些？其功用如何？

任务三　流量控制阀及速度控制回路的构建

任务介绍

在气动系统中，经常要求控制气动执行元件的运动速度，这要靠调节压缩空气的流量来实现。

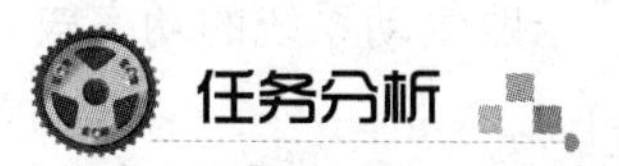

任务分析

流量控制阀就是通过改变阀的通流截面积来实现流量控制的元件，它包括节流阀、单向节流阀、排气节流阀等。气动节流阀的工作原理与液压节流阀相同，本节只介绍排气节流阀。并进行气动速度回路的分析。

相关知识

一、排气节流阀

排气节流阀只能安装在气动装置的排气口处，调节排入大气的流量，以此来调节执行元件的运动速度。如图 10-22 所示为排气节流阀的工作原理图及图形符号，气流进入阀内，由节流口 1 节流后经消声套 2 排出，因而它不仅能调节执行元件的运动速度，还能起到降低排气噪声的作用。由于其结构简单，安装方便，能简化回路，故应用广泛。如图 10-23 所示回路，把两个排气节流阀安装在二位五通电磁换向阀的排气口上，用来控制活塞的往复运动速度。

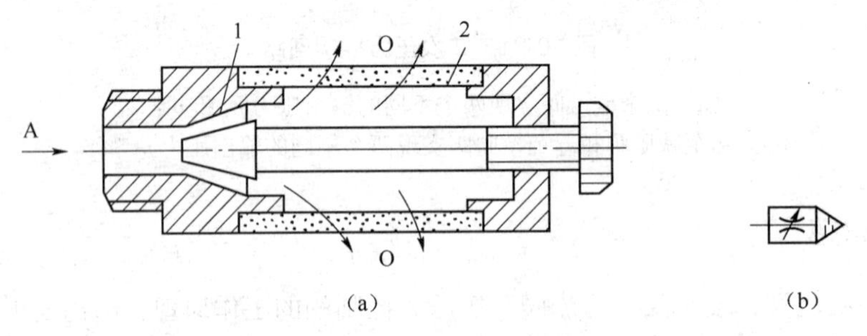

图 10-22　排气节流阀的工作原理图及图形符号

1—节流口；2—消声套

（a）工作原理图；（b）图形符号

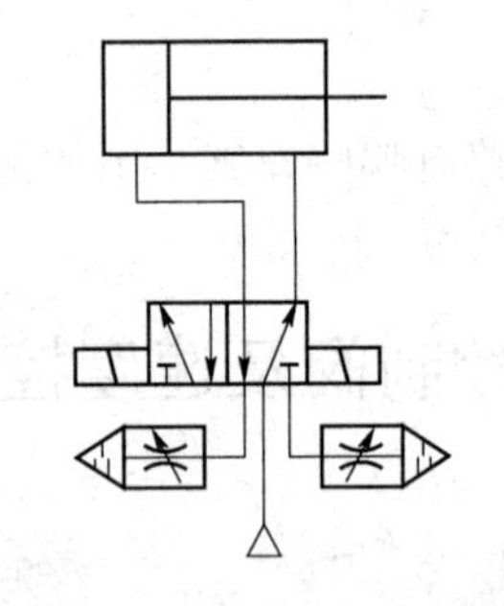

图 10-23　排气节流阀的应用

二、速度控制回路

速度控制回路用来调节气缸的运动速度或实现气缸的缓冲等。一般气动系统的功率较小，故调速方法主要是节流调速。

从理论上讲，气缸活塞的速度控制可以采用进气节流调速和排气节流调速。采用进气节流调速时，容易产生“爬行”现象。以单杆活塞缸活塞杆伸出为例，在进气节流时，进气流量小，排气流量大，很可能出现供气不足，则活塞会停止前进，直到继续充气到活塞又能克服负载时，活塞又开始前进。这种活塞“忽走忽停”、“忽快忽慢”的现象称为气缸的爬行。在实际应用中，绝大多数回路采用排气节流调速。排气节流调速回路中，排气腔内可以建立与负载相适应的背压，在负载保持不变或有微小变动的条件下，运动比较平稳。但某些排气节流回路，也存在不稳现象，如排气节流回路提升重物，当重物的质量突然增加时，气缸下腔空气受压缩，活塞会突然下降，气源继续供气，气缸将恢复提升动作；反之，如果质物的质量突然减小，气缸将立即向上冲，这种现象称为“自走现象”。

以下介绍几种常见的速度控制回路。

（一）单作用气缸的速度控制回路

如图 10-24（a）所示，用两向单向节流阀来分别控制活塞的升降速度。如图 10-24（b）所示，用节流阀调节活塞上升的速度，活塞下降时，气缸下腔通过快速排气阀排气。

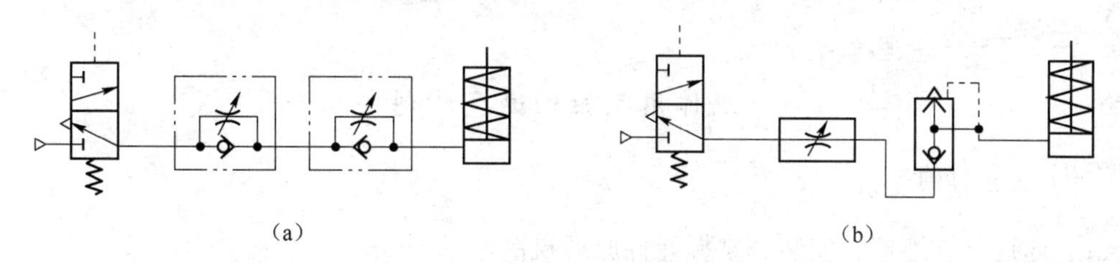

图 10-24　单作用气缸的速度控制回路

（a）用两个单向节流阀来分别控制活塞的升降速度；（b）用节流阀调速

（二）双作用气缸的速度控制回路

1. 调速回路

双作用气缸的调速回路如图 10-25 所示。

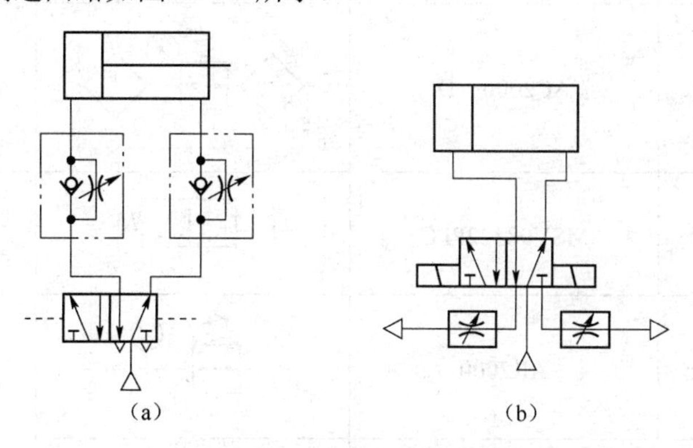

图 10-25　双作用气缸的调速回路

（a）用单向节流阀实现排气节流调速；（b）用节流阀实现排气节流调速

2. 缓冲回路

如图 10-26 所示，当活塞向右运动时，缸右腔的气体经机动控制阀及三位五通阀排掉；

当活塞运动到末端碰到机动阀时，气体经节流阀排掉，活塞运动速度得到缓冲，调整机动阀的安装位置就可改变缓冲的开始时间。此回路适合于活塞惯性力大的场合。

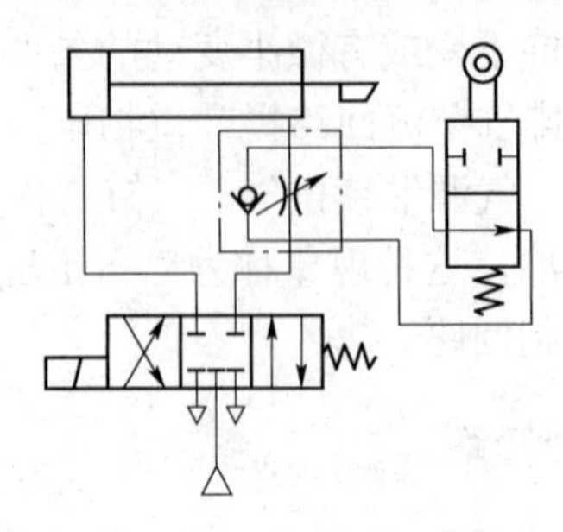

图 10-26　缓冲回路

任务实施

双作用气缸的速度控制

（一）实验目的

（1）通过气管连接、安装、掌握元件原理机能。
（2）通过实验掌握气缸的速度控制回路。

（二）实验元件

实验元件如表 10-5 所示。

表 10-5　实验元件

名称	型号	符号	数量
三联件	AC2000—D		1
常闭式按钮阀	MSV98322PPC		2
带压力表的减压阀	AR2000		1
双作用气缸	MAL20—75—S		1
单向节流阀	ASC—08V		2

续表

名称	型号	符号	数量
双气控二位五通阀	4A220—08		1
三通		⊥	2
气管	ϕ6mm		若干

（三）操作步骤

按 10-27 所示，将气动回路连接完毕后，与梭阀相连接的两个常闭式按钮阀中，只要有一个按钮阀被按下（或同时被按下），梭阀的 X 或 Y 输入端（或同时两输入端）就会产生一个信号，信号通过梭阀，从梭阀输出端（A）到达双气控二位五通阀的 Z 端使双气控二位五通阀换向，气缸活塞伸出。当常闭式滚轮杠杆阀被活塞压下时，滚轮杠杆阀打开。如果按钮阀产生的两个信号都消失梭阀将撤销 Z 端的气控信号，并通过其中一个常闭按钮阀排空，由于常闭式滚轮杠杆阀已打开，使得双气控二位五通阀的状态得以切换，气缸活塞缩回。调节单向节流阀的大小，可以控制活塞伸出速度的快慢。

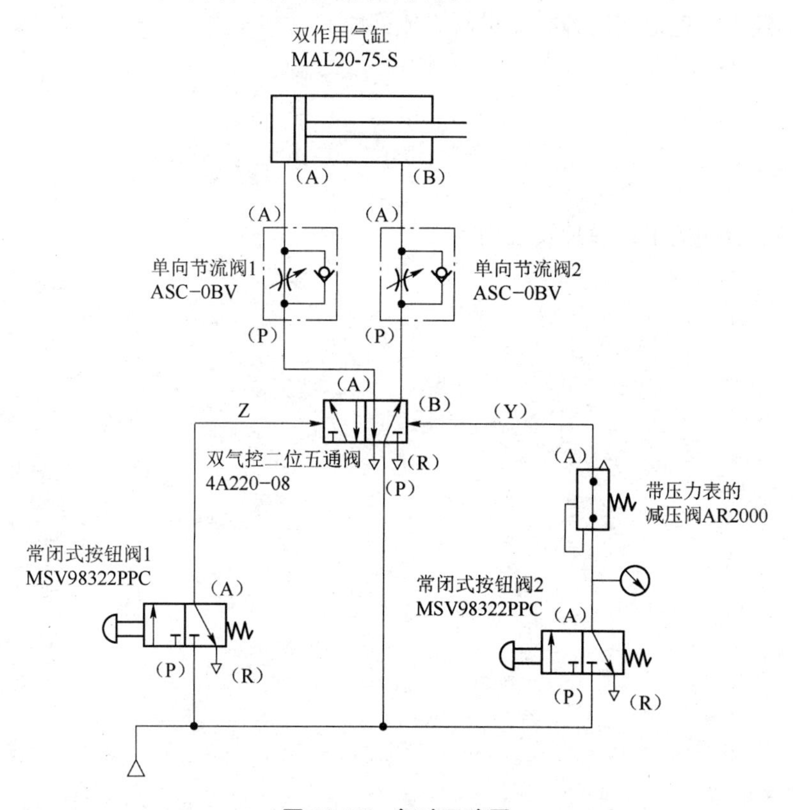

图 10-27　气动回路图

（四）实验气路

首先从空气压缩机的出气口连接到三联件进气口（P 口），三联件由排水过滤器、减压阀、油雾器组成。气管由三联件的出口（A 口）经三个三通分四路：第一路连接到按钮阀 1 的进气口（P 口），再从按钮阀的 A 口连接到或门阀的 X 口；第二路连接到按钮阀 2 的 P 口，再从按钮阀 2 的 A 口连接到梭阀的 Y 口，梭阀的 A 口连接到双气控二位五通阀的 Z 口；第三路连接到双气控二位五通阀的 P 口；第四路连接到滚轮杠杆阀的 P 口，再从滚轮杠杆阀的 A 口连接到减压阀的 P 口，再从减压阀的 A 口连接到双气控二位五通阀的 Y 口。然后从双气控二位五通阀的 A 口连接到单向节流阀的 P 口，从单向节流阀的 A 口连接到气缸的 A 口，从双气控二位五通阀的 B 口连接到气缸的 B 口。实验时减压阀上的压力表有压力显示。

（五）实验指导

（1）根据实验要求，将元件安装在实验屏上。

（2）根据气动回路图，用塑料软管和附件将气动元件连接起来。

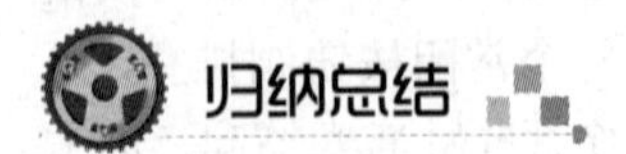

（1）掌握流量控制阀的种类、结构和工作原理。

（2）在实践中合理地使用各类流量阀组成回路。

简答题

简述排气节流阀的工作原理及应用。

项目十一　气动系统的工作原理及故障检测

数控加工中心是由机械设备与数控系统组成的适用于加工复杂零件的高效率自动化机床；是一种带有刀库并能自动更换刀具，对工件能够在一定的范围内进行多种加工操作的数控机床。它具有很强的综合加工能力，工件装夹后控制系统能按不同的工序要求自动选择刀具和更换刀具，自动改变机床主轴转速、切削进给量、刀具的运动轨迹等和其他辅助功能，依次完成工件一个或几个面上多工序的加工内容，尤其是在加工精度要求较高、加工的零件形状比较复杂、品种更换频繁时，加工中心的优势更加明显。加工中心能集中完成多种工序，因而大大减少了刀具的装夹和调整时间，使机床的利用率可达80%以上，远远高于普通机床。所以说，加工中心不仅提高了工件的加工精度、生产率，而且是数控机床中自动化程度较高的综合性机床。

- 掌握对气动系统进行分析的方法。
- 掌握气压传动系统的常见故障及排除方法。

- 数控加工中心气动换刀系统的工作原理。
- 数控加工中心气动换刀系统的故障及维修。

- 数控加工中心气动换刀系统工作原理。

气动系统工作原理与液压系统工作原理类似。由于气动装置的气源容易获得，且结构简单，工作介质不污染环境，工作速度快，动作频率高，因此在数控机床上也得到广泛应用，通常用来完成频繁起动的辅助工作。如机床防护门的自动开关、主轴锥孔的吹气、自动吹屑清理定位基准面等。部分小型加工中心依靠气液转换装置实现机械手的动作和主轴松刀。

任务分析

数控加工中心气动换刀系统在换刀过程中实现主轴定位，主轴松刀、拔刀和向主轴吹气等动作。常见的故障有刀柄和主轴接触不良，换刀时主轴松刀动作缓慢，换挡变速时变速气缸不动作无法变速，以上故障如果不及时排除，有可能会造成更大的故障，甚至造成安全事故。

相关知识

一、数控加工中心气动换刀系统工作原理

数控加工中心自动换刀装置（简称 ATC），是加工中心的主要组成部分，主要由以下两种结构组成：刀库和机械手。当系统发出指令时，刀库就会把所需刀具迅速、准确地送到特定的位置以供系统使用；当需要换刀时，首先由数控系统发出指令，然后由气动机械手通过相应的控制软件自动选择刀具进行交换，完成主轴的各种动作。

气动换刀系统原理图如图 11-1 所示，在换刀过程中实现定位、松刀、拔刀、向锥孔吹气和插刀等动作。其工作过程如下：

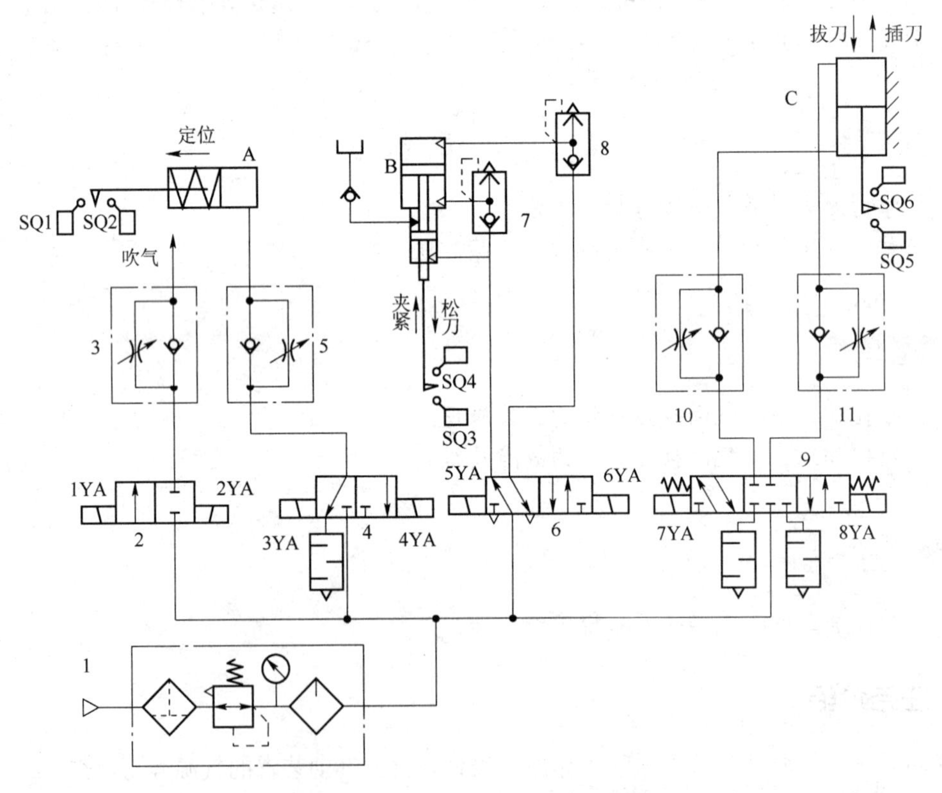

图 11-1　数控加工中心气动换刀系统

1—气动三联件；2—二位二通换向阀；4—二位三通换向阀；6—二位五通换向阀；9—三位五通换向阀；7、8—快速排气阀；3、5、10、11—单向节流阀

表 11-1　电磁铁动作顺序表

动作	1YA	2YA	3YA	4YA	5YA	6YA	7YA	8YA
主轴定位				+				
主轴松刀						+		
拔刀								+
向主轴锥孔吹气	+							
插刀	−	+					+	−
刀具夹紧					+	−		
复位			+	−				

1. 主轴定位

当需要换刀时，首先由系统发出指令，使主轴停止转动，同时 4YA 得电，压缩空气经气动三联件 1、两位三通换向阀 4、单向节流阀 5 中的节流阀进入缸 A 的右腔，使 A 的活塞左移，这个过程可以实现主轴的自动定位。

2. 主轴松刀

当活塞杆压下 SQ1 时，6YA 通电，压缩空气经两位五通换向阀 6、快速排气阀 8 进入增压缸 B 的上腔，使活塞伸出，这个过程为主轴的松刀过程。

3. 主轴拔刀

当活塞杆下降碰到 SQ3 时 8YA 通电，压缩空气经三位五通换向阀 9、单向节流阀 11 中的单向阀进入缸 C 的上腔，活塞及活塞杆下移实现拔刀过程。

4. 向主轴锥孔吹气

由回转刀库交换刀具，同时使得 1YA 通电，压缩空气经两位两通换向阀 2，单向节流阀 3 向主轴锥孔吹气。

5. 插刀

一段时间以后 1YA 断电、2YA 通电，停止吹气，这个过程由定时器来实现。当停止吹气时 8YA 断电、7YA 通电，压缩空气经三位五通换向阀 9、单向节流阀 10 中的节流阀进入缸 C 的下腔，活塞及活塞杆上移，实现插刀的动作。

6. 刀具夹紧

当碰到 SQ6 时使 6YA 断电、5YA 通电，压缩空气经两位三通换向阀 6 进入增压缸 B 的下腔，使活塞及活塞杆退回，主轴通过特定的机械连接机构使刀具夹紧。

7. 复位

当碰到 SQ4 时使得 4YA 断电、3YA 通电，缸 A 的活塞复位，回到初始状态，此时一次换刀结束。

二、立式加工中心换刀气动系统故障及维修

1. 刀柄和主轴的故障及维修

故障现象：立式加工中心换刀时，主轴锥孔吹气，把含有铁锈的水分子吹出，并附着在主轴锥孔和刀柄上。刀柄和主轴接触不良。

分析及处理过程：故障产生的原因是压缩空气中含有水分。如采用空气干燥机，使用干燥后的压缩空气，问题即可解决。若受条件限制，没有空气干燥机，也可在主轴锥孔吹气的管路上进行两次分水过滤，设置自动放水装置，并对气路中相关零件进行防锈处理，故障即可排除。

2. 松刀动作缓慢的故障及维修

故障现象：立式加工中心换刀时，主轴松刀动作缓慢。

主轴松刀动作缓慢的原因如下：

（1）气动系统压力太低或流量不足；

（2）机床主轴拉刀系统有故障，如碟型弹簧破损等；

（3）主轴松刀气缸有故障。

根据分析，首先检查气动系统的压力，压力表显示气压为 0.6MPa，压力正常：将机床操作转为手动，手动控制主轴松刀，发现系统压力下降明显，气缸的活塞杆缓慢伸出，故判定气缸内部漏气。拆下气缸，打开端盖，压出活塞和活塞环，发现密封环破损，气缸内壁拉毛。更换新的气缸后，故障排除。

3. 变速无法实现的故障及维修

故障现象：立式加工中心换挡变速时，变速气缸不动作，无法变速。

变速气缸不动作的原因如下：

（1）气动系统压力太低或流量不足；

（2）气动换向阀未得电或换向阀有故障；

（3）变速气缸有故障。

根据分析，首先检查气动系统的压力，压力表显示气压为 0.6MPa，压力正常；检查换向阀电磁铁已带电，用手动换向阀，变速气缸动作，故判定气动换向阀有故障。拆下气动换向阀，检查发现有污物卡住阀芯。进行清洗后，重新装好，故障排除。

归纳总结

本任务通过对数控加工中心气动换刀系统的工作原理、故障检测与维修的学习，使学生掌握气动系统的工作原理及故障排除方法。

拓展提高

一、气动系统维护的要点

1. 保证供给洁净的压缩空气

压缩空气中通常都含有水分、油分和粉尘等杂质。水分会使管道、阀和气缸腐蚀；油分会使橡胶、塑料和密封材料变质；粉尘造成阀体动作失灵。选用合适的过滤器，可以清除压缩空气中的杂质，使用过滤器时应及时排除积存的液体，否则当积存液体接近挡水板时，气流仍可将积存物卷起。

2. 保证空气中含有适量的润滑油

大多数气动执行元件和控制元件都要求适度的润滑。如果润滑不良将会发生以下故障：

（1）由于摩擦阻力增大而造成气缸推力不足，阀芯动作失灵；

（2）由于密封材料的磨损而造成空气泄漏；

（3）由于生锈造成元件的损伤及动作失灵。

润滑的方法：一般采用油雾器进行喷雾润滑，油雾器一般安装在过滤器和减压阀之后。油雾器的供油量一般不宜过多，通常每 10m^3 的自由空气供 1mL 的油量（即 40~50 滴油）。检查润滑是否良好的一个方法：找一张清洁的白纸放在换向阀的排气口附近，如果阀在工作3～4 个循环后，白纸上只有很轻的斑点，则表明润滑是良好的。

3. 保持气动系统的密封性

漏气不仅增加了能量的消耗，也会导致供气压力的下降，甚至造成气动元件工作失常。如果是严重的漏气，在气动系统停止运行时，由漏气引起的响声很容易发现；如果是轻微的漏气，则利用仪表，或用涂抹肥皂水的办法进行检查。

4. 保证气动元件中运动零件的灵敏性

从空气压缩机排出的压缩空气，包含粒度为 0.01～0.08μm 的压缩机油微粒，在排气温度为 120～220℃的高温下，这些油粒会迅速氧化，氧化后油粒颜色变深，黏性增大，并逐步由液态固化成油泥。这种微米级以下的颗粒，一般过滤器无法滤除。当它们进入换向阀后便附着在阀芯上，使阀的灵敏度逐步降低，甚至出现动作失灵。为了清除油泥，保证灵敏度，可在气动系统的过滤器之后，安装油雾分离器，将油泥分离出来。此外，定期清洗阀也可以保证阀的灵敏度。

5. 保证气动装置具有合适的工作压力和运动速度

调节工作压力时，压力表应当工作可靠，读数准确。减压阀与节流阀调节好后，必须紧固调压阀盖或锁紧螺母，防止松动。

二、气动系统的点检与定检

1. 管路系统点检

管路系统点检的主要内容是对冷凝水和润滑油的管理。冷凝水的排放，一般应当在气动装置运行之前进行。但是当夜间温度低于 0℃时，为防止冷凝水冻结，气动装置运行结束后，应开启放水阀门排放冷凝水。补充润滑油时，要检查油雾器中油的质量和滴油量是否符合要求。此外，点检还应包括检查供气压力是否正常，有无漏气现象等。

2. 气动元件的定检

气动元件的定检主要内容是彻底处理系统的漏气现象。例如更换密封元件，处理管接头或连接螺钉松动等，定期检验测量仪表、安全阀和压力继电器等。

1. 气动系统常见故障有哪些？
2. 立式加工中心换刀气动系统的故障有哪些，维修方法有哪些？

附　　录

附录A　液压图形符号（摘自GB/T786.1-1993）

（一）管路及连接

名　　称	符　　号	名　　称	符　　号
工作管路	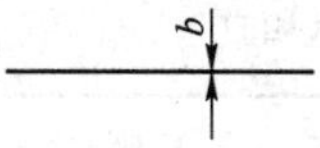	柔性管路	
控制管路	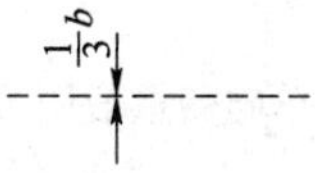	管口在液面以上油箱	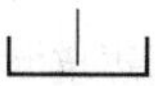
连接管路	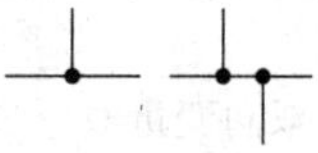	管口在液面以下的油箱	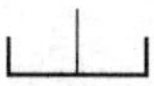
交叉管路		单通路旋转接头	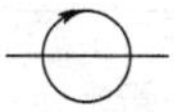

（二）控制方法

名　　称	符　　号	名　　称	符　　号
按钮式人力控制	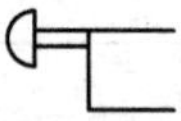	顶杆式机械控制	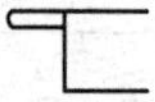
手柄式人力控制	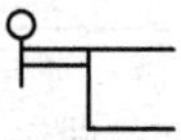	弹簧控制	
踏板式人力控制	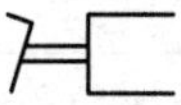	滚轮式机械控制	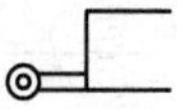
单向滚轮式机械控制	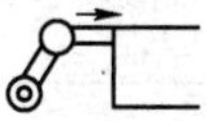	单作用电磁控制	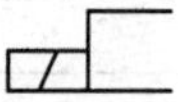
双作用电磁控制	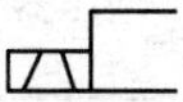	液压先导控制	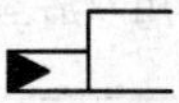
加压或泄压控制	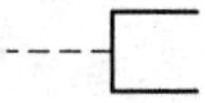	气液先导控制	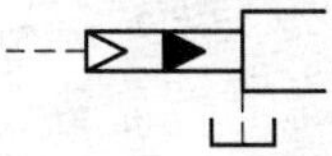

续表

名　　称	符　　号	名　　称	符　　号
差动控制	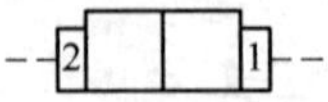 2　1	电-液先导控制	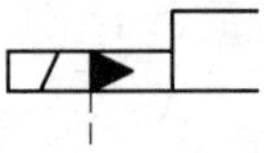
内部压力控制	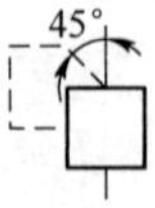 45°	液压先导泄压控制	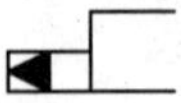
外部压力控制	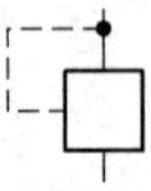	电反馈控制	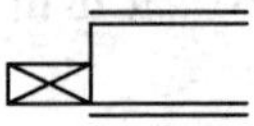

（三）泵、马达和缸

名称	符号	名称	符号
单向定量液压泵		单向变量液压泵	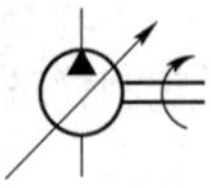
双向定量液压泵		双向变量液压泵	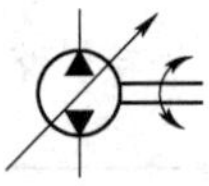
单向定量马达		单向变量马达	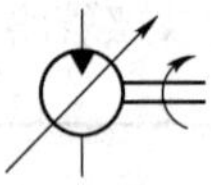
双向定量马达		双向变量马达	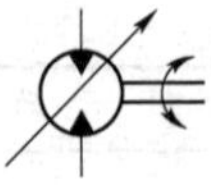
摆动马达	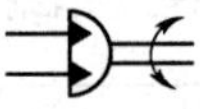	不可调单向缓冲缸	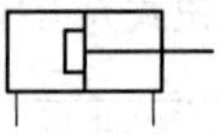
单作用弹簧复位缸	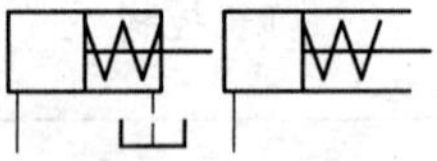	可调双向缓冲缸	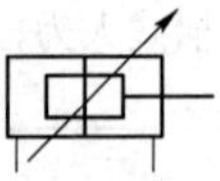
双作用单活塞杆缸	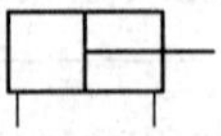	气液转换器	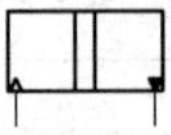
双作用双活塞杆缸	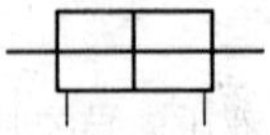	增压器	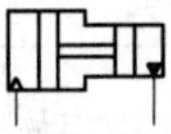

（四）控制元件

名称	符号	名称	符号
直动型溢流阀	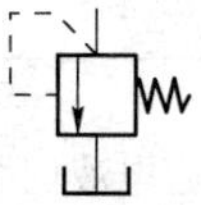	先导型比例电磁溢流阀	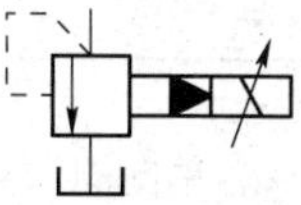
先导型溢流阀	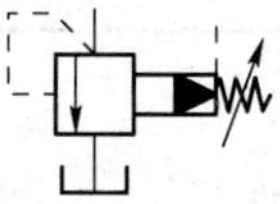	双向溢流阀	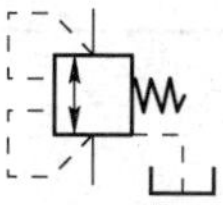
直动型减压阀	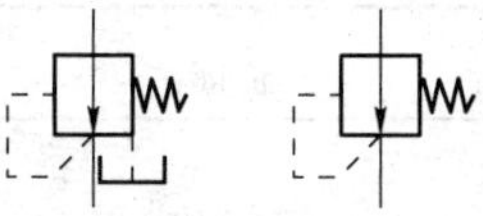	溢流减压阀	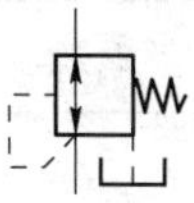
先导型减压阀	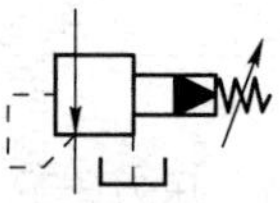	定差减压阀	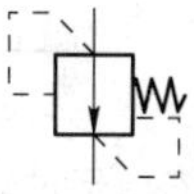
直动型顺序阀	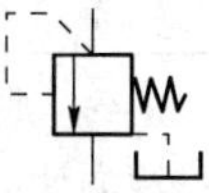	液控单向阀	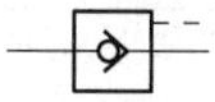
先导型顺序阀	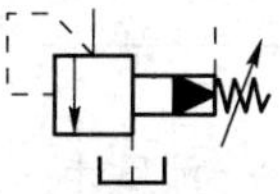	二位二通换向阀	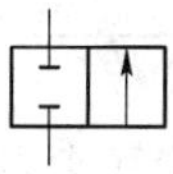
直动型卸荷阀	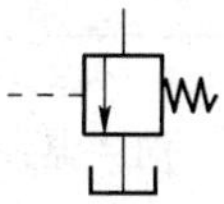	二位三通换向阀	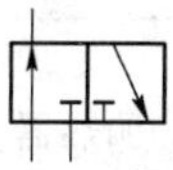
可调节流阀		二位四通换向阀	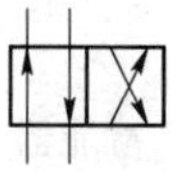
不可调节流阀		二位五通换向阀	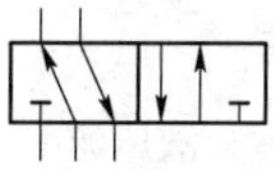
调速阀		三位四通换向阀	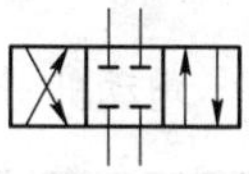
温度补偿调速阀	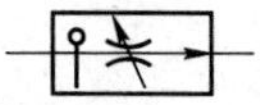	三位五通换向阀	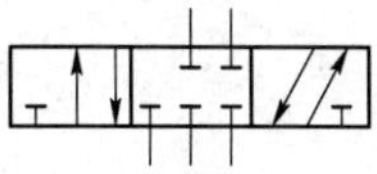

续表

名称	符号	名称	符号
分流阀	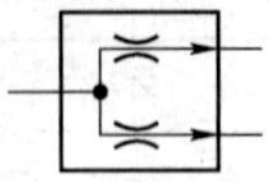	三位六通换向阀	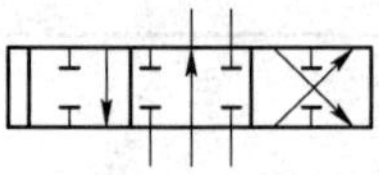
单向阀		四通电液伺服阀	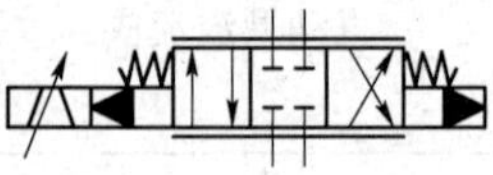

（五）辅助元件

名称	符号	名称	符号
过滤器	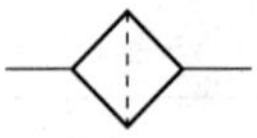	原动机	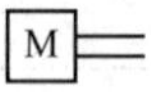 M
污染指示过滤器	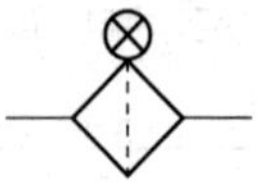	压力计	
分水排水器	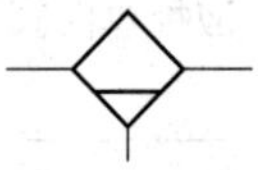	液面计	
空气过滤器	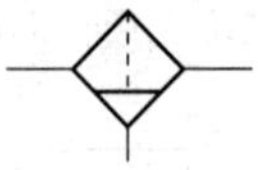	流量计	
加热器	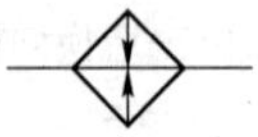	消声器	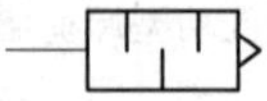
蓄能器		报警器	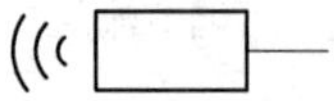
液压源		压力继电器	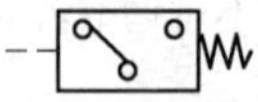
电动机	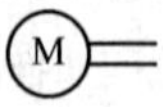 M		

附录B 液压控制阀型号说明

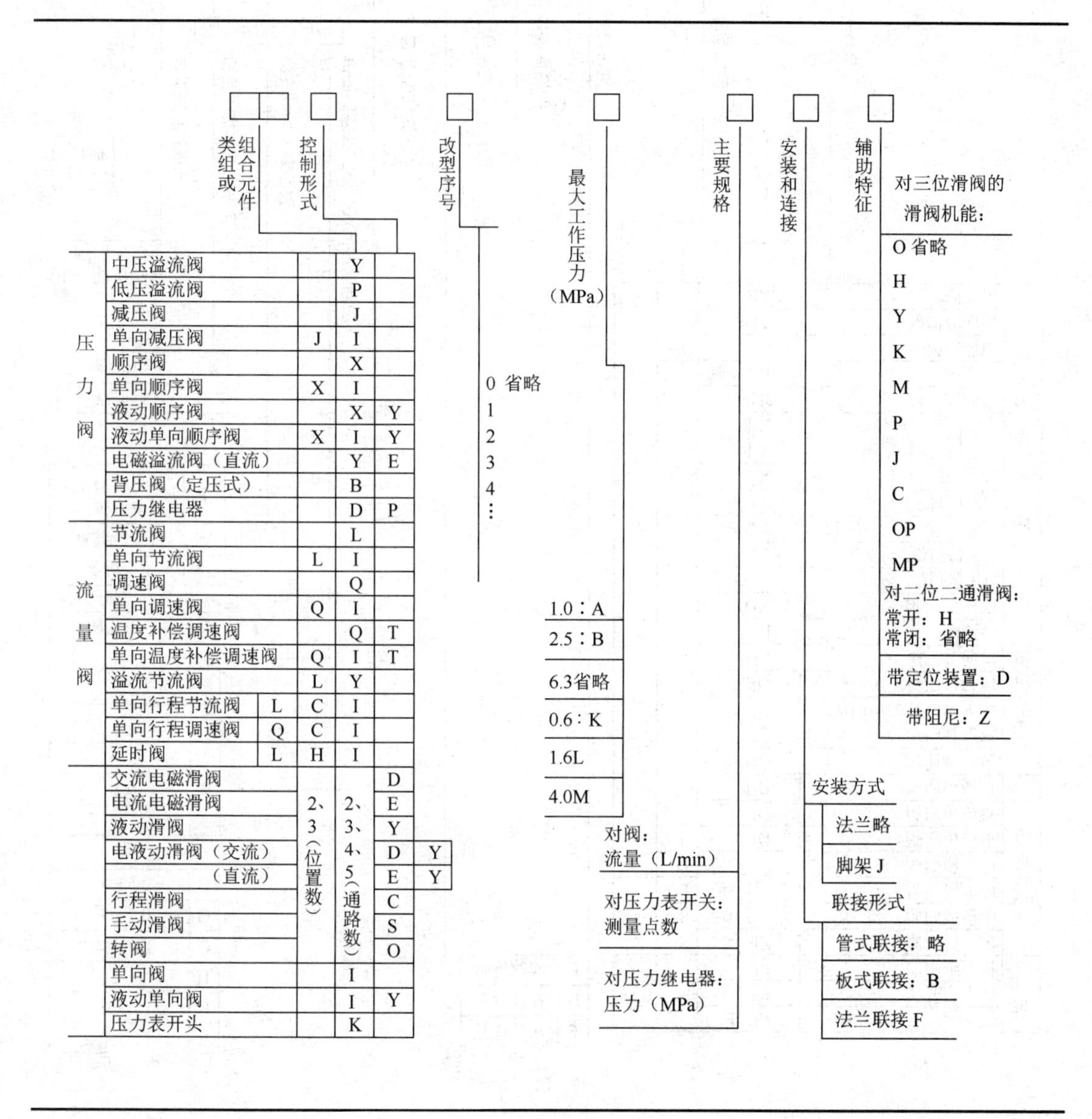

中、高压液压控制阀型号说明

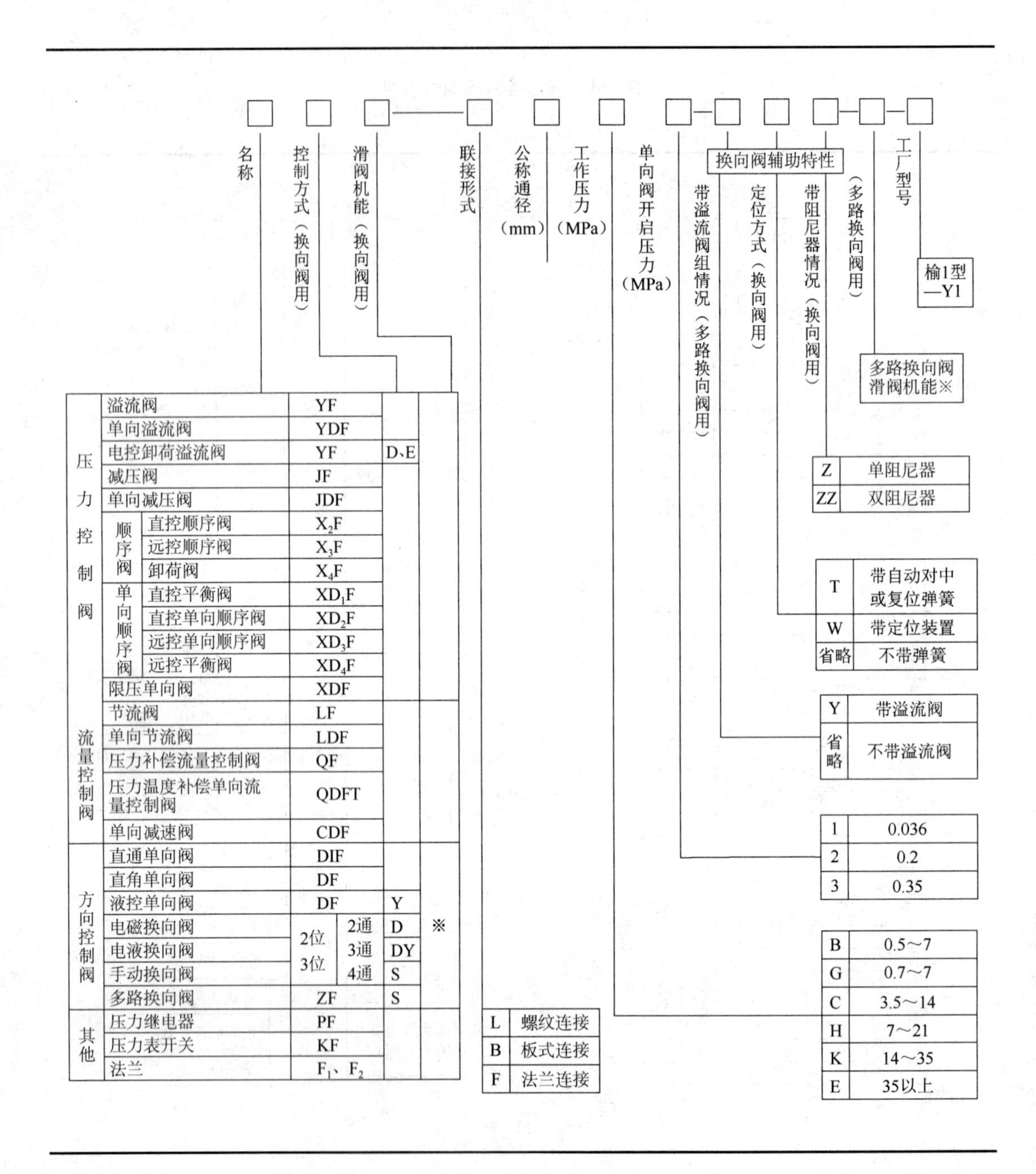

附录C　气动图形符号（摘自GB/T786.1-1993）

（一）管路及连接

名称	符号	名称	符号
直接排气口	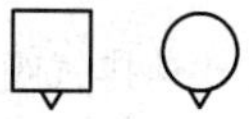	带单向阀快换接头	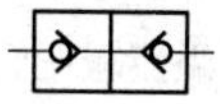
带连接排气口	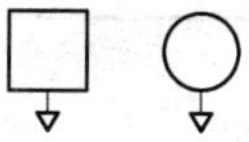	不带单向阀快换接头	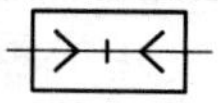

（二）控制方法

名称	符号	名称	符号
气压先导控制	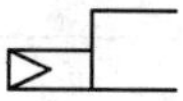	电-气先导控制	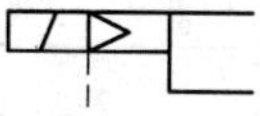

（三）泵、马达和缸

名称	符号	名称	符号
单向定量马达	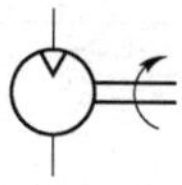	双向变量马达	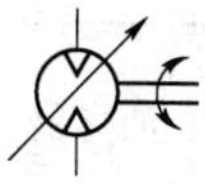
双向定量马达	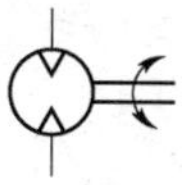	摆动马达	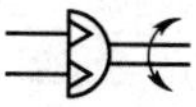
单向变量马达	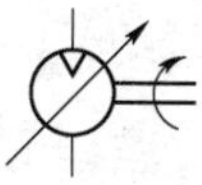		

（四）控制元件

名称	符号	名称	符号
直动型溢流阀	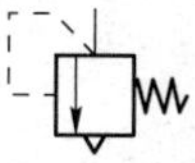	带消声器的节流阀	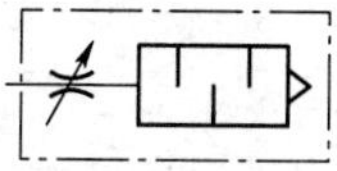
先导型溢流阀	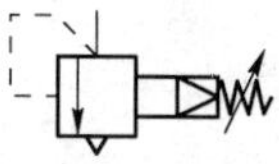	或门型梭阀	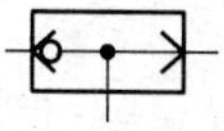

续表

名称	符号	名称	符号
先导型减压阀	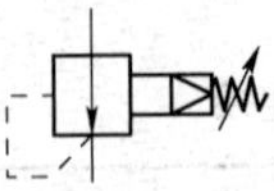	与门型梭阀	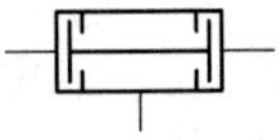
溢流减压阀	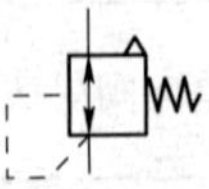	快速排气阀	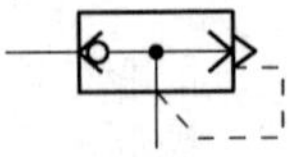

（五）辅助元件

名称	符号	名称	符号
分水排气器	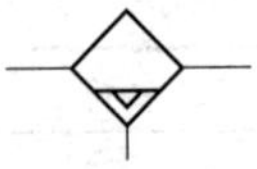	冷却器	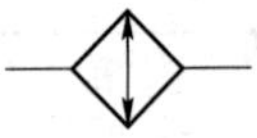
空气过滤器	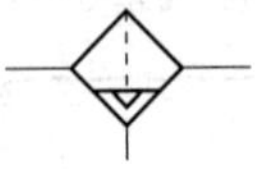	气罐	
空气干燥器	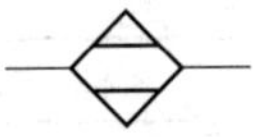	气压源	
油雾器	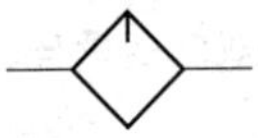		

参 考 文 献

[1] 屈圭．液压与气压传动．北京：机械工业出版社，2002
[2] 许福玲．液压与气压传动．北京：机械工业出版社，2007
[3] 王宝敏．液压与气动技术．北京：清华大学出版社，2011
[4] 王丽君．液压、液力与气动技术．北京：机械工业出版社，2012
[5] 顾力平．液压与气动技术．北京：中国建材工业出版社，2012
[6] 蒋光玉．液压与气压传动项目教程．武汉：湖北科学技术出版社，2014